# 揚げて炙ってわかるコンピュータのしくみ

Fry it! Roast it!

## Fry and Roast to understand how computer works

Junichi Akita
秋田純一

技術評論社

# はじめに

コンピュータは私たちの生活の中で、すっかりあたりまえの存在になりました。コンピュータといっても、パソコンのような形のものだけでなく、スマートフォンやゲーム機もコンピュータですし、家電製品からおもちゃに至るまで、「電気で動くもの」はほぼ100%、コンピュータが中に入っている、といっても過言ではありません。最近のクルマは、エンジン制御から計器の表示、窓の開け閉めの制御まで、100個以上のコンピュータが入っているそうです。技術が進歩してコンピュータがどんどん高性能になって複雑なものになり、便利になって、使われる場面が増えました。そしてそのような、あたりまえの存在になったコンピュータを使って、最近よく聞くようになったAIやIoTが、私たちの生活をより便利なものにしようとしています。

このようにコンピュータが私たちの生活にくまなく入り込んでくるようになったのは、コンピュータの進化の歴史の産物で、その進化の歴史は、一言でいうと、コンピュータの複雑化の歴史、といえます。

そしてこのコンピュータの複雑化の歴史は、もう一つ、「コンピュータのブラックボックス化」をもたらしました。たしかに私たちが普段生活する上で、たとえ道具の中にコンピュータが入っていても、それを意識することはありません。それどころか、コンピュータのプログラマでも、普段はコンピュータの中の仕組みについて、意識することはありません。プログラマが書いたプログラムにしたがってコンピュータが動作をして、私たちの生活を便利にしてくれますが、そのようなプログラムを書く人たちと、コンピュータの仕組みを考えたり作ったりする人たちは、前者はソフトウェア、後者はハードウェアとして、仕事としても、学問体系としても、明確に分かれつつあります。つまりプログラムを書く人たちにとって、コンピュータは、仕組みはわからなくても使える「ブラックボックス」であれば事足りるわけです。

このような分業化は、たしかにそれぞれの分野に専念できるので、全体としてより便利になっていくというメリットがあります。しかしその一方で、万一、そのブラックボックスの中身に不具合があった場合に、お手上げになってしまう、という問題があります。そのような問題は、普段あまり意識することはないのですが、コンピュータの心臓部であるCPUにセキュリティ面での問題が見つかって大騒ぎ、ということが、実際にこれまで何度もありました。

このように「コンピュータがブラックボックスだとヤバいよ」と言われても、あまり楽しい気はしませんが、コンピュータの中身をよく知ると、コンピュータの限界がわかって、逆にその限界までコンピュータを使いこなす、という、楽しい面もあります。そして分解を通して中身を知ることは、コンピュータを作るという創造と表裏一体の行為でもあります。

「コンピュータの仕組みを理解する」という本は、たくさんあるのですが、この本では、コンピュータを構成する最小単位の部品である半導体を軸に、コンピュータを分解したり再構成したりしながら、その仕組みに迫っていく構成となっています。コンピュータの中身どころか半導体なんて、名前は聞いたことはあっても、その実体を見る機会はなかなかありませんが、身近な道具で、コンピュータを「揚げて」「炙る」ことで、その核心に迫っていき、半導体のレベルからコンピュータの仕組みやコンピュータの歴史を理解しよう、という試みです。「揚げる」というのは、文字通り基板を油で揚げて部品を取り外します。「炙る」というのは、文字通り部品(半導体パッケージ)をバーナーで炙って、中の半導体チップを取り出して、観察します。

ところで、「Powers of Ten」という教育映画(9分間の動画)をご存知でしょうか。日本語に訳すと「10のベキ乗」という意味ですが、公園でピクニックをしている様子を上から見ている写真から、どんどんカメラが上空に移動していき、画像がズームアウトして、画像内の距離の単位が10べき乗で増えていき、地球を離れ、太陽系を離れ、銀河系を離れ……と、どんどん大きな構造が見えてきます。後半では、逆にカメラがどんどん対象物に近づいていき、画像がズームインして、人の手、細胞、DNA、原子、クオーク……と、どんどん小さい構造が見えてきます。この本では、コンピュータの階層構造を、「Powers of Ten」のように、拡大縮小しながら見ていくことで、コンピュータの中身を見ていこうと思います。

- Powers of Ten
  https://www.eamesoffice.com/the-work/powers-of-ten/

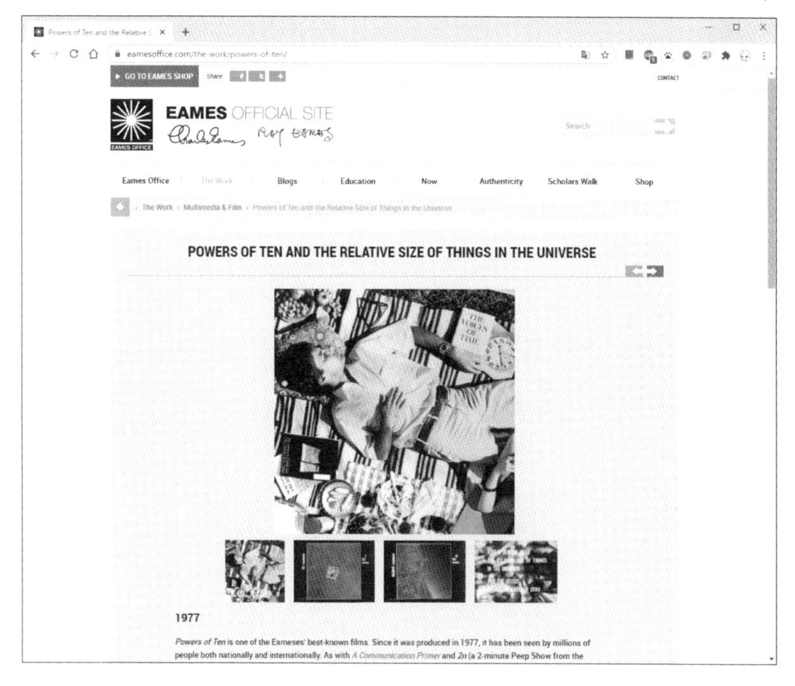


私がコンピュータに触れたのは1980年代ですが、その頃は、まだコンピュータのソフトウェアとハードウェアが明確には分かれておらず、パソコンのマニュアルには回路図が載っていましたし、パソコンの基板にケーブルを繋いで改造するのは、けっこう多くの人が普通にやっていました。その後、私は半導体の研究者となったのですが、最近になって、幼少期からの電子工作とその延長にあった当時のパソコンの世界と、最先端の半導体の研究をつなげて理解して活用することができるような気がしてきました。この本は、そのような理解の試みでもあります。

ぜひこの本が、「コンピュータの中身」が手の届かない遠い世界の出来事ではなく、それを理解することができて、またそれによってコンピュータをより使いこなすことができる、そんな一助になることを祈っています。

# 目次

# 第1章 ソフトウェアとハードウェアの世界の境界

私たちの生活は、電気がないと成り立たないのと同じくらい、コンピュータやインターネットを抜きには考えられなくなってきました。パソコンのようなコンピュータらしいものだけでなく、最近は電気で動くものにはほぼすべてといっても言い過ぎではないほど、中でコンピュータが働いて、しかもそれが技術の進歩とともに、どんどん高度化・複雑化しています。しかし多くの場面で、私たちがそのようなコンピュータの存在を意識することはありません。それがどのような歴史を持ち、現状どうなっているのかを見ていきましょう。

# 1.1 コンピュータが「見えなく」なってきている

コンピュータは私たちの生活の中で、すっかりあたりまえの存在になりました。コンピュータといっても、パソコンだけではなくて、スマートフォンやゲーム機も中身はコンピュータですし、家電製品からおもちゃに至るまで、「電気で動くもの」はほぼ 100%、コンピュータが中に入っています（というと言い過ぎにしても、だいたいあっている）。最近のクルマは、エンジン制御から計器の表示、窓の開け閉めの制御まで、100 個以上の小さなコンピュータが入っているそうです。

▶ 図 1-1　自動車に搭載されているコンピュータの主な役割

コンピュータがどんどん小さくなって、身の回りのあらゆるところに使われる状態は、かつて「ユビキタス（ubiquitous）」と呼ばれていました。最近はあまり聞かない言葉ですが、ラテン語のubique（どこにでも存在する、遍在する）を語源とする言葉です。生まれた頃のコンピュータは、大きな部屋を一つ占有するくらいのサイズの存在感でしたが、技術が進歩して小型で安くなることで、あらゆるところに存在するようになる、という未来を予言した言葉でした。広い意味では、スマホのように、私たちが身につけて使うコンピュータも含みます。そしてそのような、あたりまえに存在するコンピュータは、最近よく聞くようになったAI（Artificial Intelligence。人工知能）やIoT（Internet of Things。あらゆるものがインターネットにつながる状態）といった形へと進化して、私たちの生活をより便利なものにしようとしています。また、コンピュータをつなぐネットワークが進化したことで、物理的なコンピュータがインターネット上のどこに存在するかを気にせずに利用する、クラウドと呼ばれる形態も、これらの進化を支えています。

▶ **図 1-2　あらゆるものがインターネットにつながるようになってきた**

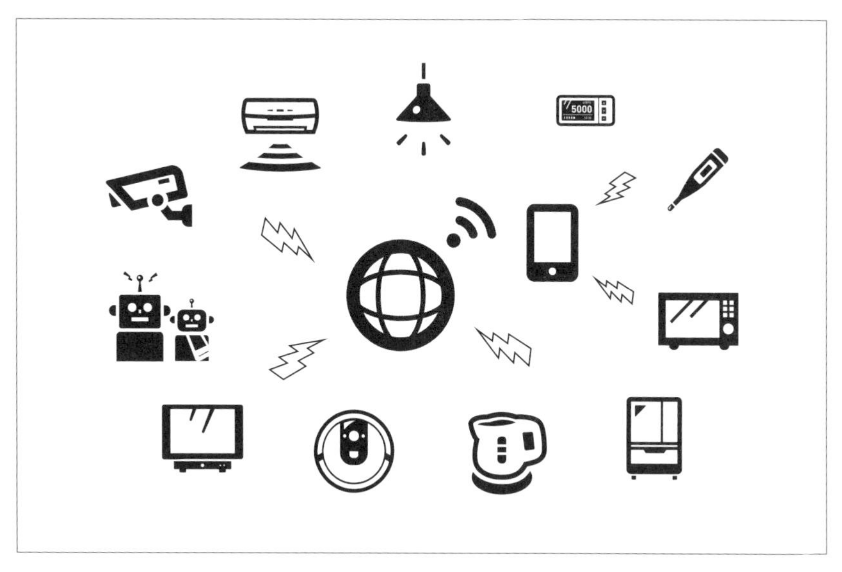

このようにコンピュータが、ある意味、コンピュータらしい形では「見えなく」なってきているわけですが、コンピュータの進化には、もう一つ、「高性能化」という側面があります。詳しくは1.3節で見ていきますが、コンピュータの高性能化の歴史には、他の科学技術ではみられない特異な性質があり、「数年ごとに性能が2倍になる」という倍々ゲーム（等比数列）的に性能が高くなってきました。「同じ量だけ増えていく」という等差数列は、時間に比例して増えていくのですが、倍々ゲームの等比数列は、想像を絶する速度（指数関数的と呼ぶ）で増加していきます。コンピュータの性能は、まさにこのような速度で増加してきました。

▶ **図1-3　等差数列（y=x）と等比数列（$y=2^x$）の比較**

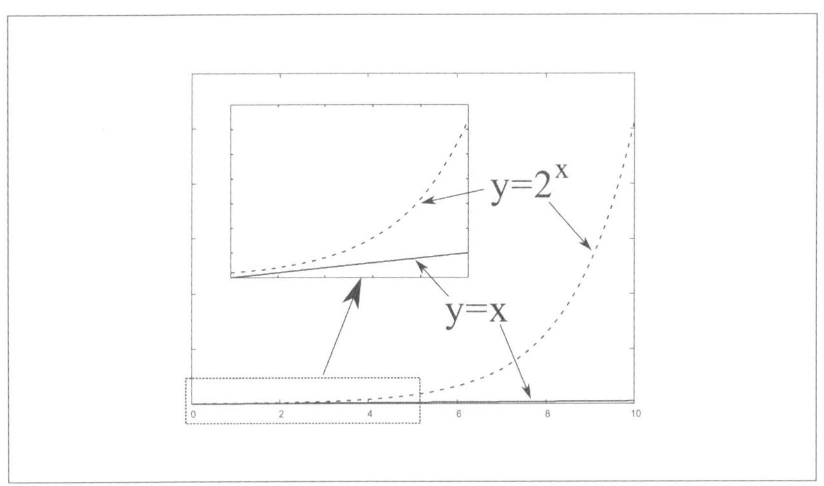


## むかしはパソコンと電子回路は一体

このようにコンピュータの進化の歴史は、別の見方をすれば、複雑化の歴史ともいえます。私が子供の頃（1980年代）にパソコンを買うとついてくる取扱説明書には、パソコンの回路図と、OSに相当するソフトウェアのプログラムコードが掲載されていました。実際にそれを読んで使うかはともかく、その気になれば、ある程度の専門知識さえあれば、パソコンの全体を「完全に理解」することができたわけです。そして全体を理解した上で、自分がほしい機能を追加する改造をしたり、プログラムを書いたりすることは、ごく普通のことでした。この世代の人だと、だいたいゲームをやりたくてプログラムを書けるようになった人は多いでしょうし、ジョイスティックや連射機能を追加する電子工作っぽい改造をしていた人も多いでしょう（私もそうです）。

▶ **図 1-4　IBM XTのマニュアルに掲載されたBIOSのソースコード（左）およびロジックボードの回路図（右）**

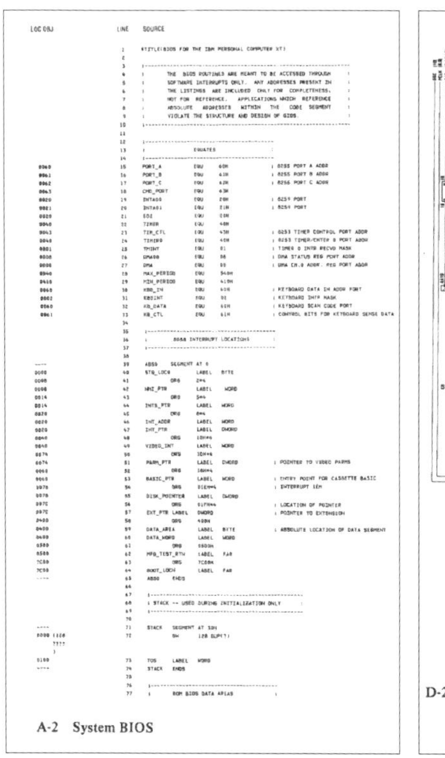

```
LOC OBJ          LINE   SOURCE

                   1    $TITLE(BIOS FOR THE IBM PERSONAL COMPUTER XT)
                   2
                   3    ;--------------------------------------------------------
                   4    ;     THE  BIOS ROUTINES ARE MEANT TO BE ACCESSED THROUGH   :
                   5    ;     SOFTWARE INTERRUPTS ONLY.  ANY ADDRESSES PRESENT IN   :
                   6    ;     THE LISTINGS  ARE INCLUDED  ONLY FOR  COMPLETENESS,   :
                   7    ;     NOT FOR  REFERENCE.   APPLICATIONS WHICH  REFERENCE   :
                   8    ;     ABSOLUTE   ADDRESSES   WITHIN   THE   CODE  SEGMENT   :
                   9    ;     VIOLATE THE STRUCTURE AND DESIGN OF BIOS.             :
                  10    ;--------------------------------------------------------
                  11
                  12    ;--------------------------------------
                  13    ;              EQUATES                  :
                  14    ;--------------------------------------
0060              15    PORT_A          EQU     60H              ; 8255 PORT A ADDR
0061              16    PORT_B          EQU     61H              ; 8255 PORT B ADDR
0062              17    PORT_C          EQU     62H              ; 8255 PORT C ADDR
0063              18    CMD_PORT        EQU     63H
0020              19    INTA00          EQU     20H              ; 8259 PORT
0021              20    INTA01          EQU     21H              ; 8259 PORT
0020              21    EOI             EQU     20H
0040              22    TIMER           EQU     40H
0043              23    TIM_CTL         EQU     43H              ; 8253 TIMER CONTROL PORT ADDR
0040              24    TIMER0          EQU     40H              ; 8253 TIMER/CNTER 0 PORT ADDR
0001              25    TMINT           EQU     01               ; TIMER 0 INTR RECVD MASK
0008              26    DMA08           EQU     08               ; DMA STATUS REG PORT ADDR
0000              27    DMA             EQU     00               ; DMA CH.0 ADDR. REG PORT ADDR
0540              28    MAX_PERIOD      EQU     540H
0410              29    MIN_PERIOD      EQU     410H
0060              30    KBD_IN          EQU     60H              ; KEYBOARD DATA IN ADDR PORT
0002              31    KBDINT          EQU     02               ; KEYBOARD INTR MASK
0060              32    KB_DATA         EQU     60H              ; KEYBOARD SCAN CODE PORT
0061              33    KB_CTL          EQU     61H              ; CONTROL BITS FOR KEYBOARD SENSE DATA
                  34
                  35    ;--------------------------------------
                  36    ;        8088 INTERRUPT LOCATIONS       :
                  37    ;--------------------------------------
                  38
----              39    ABS0    SEGMENT AT 0
0000              40    STG_LOC0        LABEL   BYTE
0008              41            ORG     2*4
0008              42    NMI_PTR         LABEL   WORD
0014              43            ORG     5*4
0014              44    INT5_PTR        LABEL   WORD
0020              45            ORG     8*4
0020              46    INT_ADDR        LABEL   WORD
0020              47    INT_PTR         LABEL   DWORD
0040              48            ORG     10H*4
0040              49    VIDEO_INT       LABEL   WORD
0074              50            ORG     1DH*4
0074              51    PARM_PTR        LABEL   DWORD            ; POINTER TO VIDEO PARMS
0060              52            ORG     18H*4
0060              53    BASIC_PTR       LABEL   WORD             ; ENTRY POINT FOR CASSETTE BASIC
0078              54            ORG     01EH*4                   ; INTERRUPT 1EH
0078              55    DISK_POINTER    LABEL   DWORD
007C              56            ORG     01FH*4                   ; LOCATION OF POINTER
007C              57    EXT_PTR LABEL   DWORD                    ; POINTER TO EXTENSION
0400              58            ORG     400H
0400              59    DATA_AREA       LABEL   BYTE             ; ABSOLUTE LOCATION OF DATA SEGMENT
0400              60    DATA_WORD       LABEL   WORD
0500              61            ORG     0500H
0500              62    MFG_TEST_RTN    LABEL   FAR
7C00              63            ORG     7C00H
7C00              64    BOOT_LOCN       LABEL   FAR
----              65    ABS0    ENDS
                  66
                  67    ;------------------------------------------------
                  68    ; STACK -- USED DURING INITIALIZATION ONLY        :
                  69    ;------------------------------------------------
                  70
----              71    STACK   SEGMENT AT 30H
0000 (128         72            DW      128 DUP(?)
     ????
     )
0100              73    TOS     LABEL   WORD
----              74    STACK   ENDS
                  75
                  76    ;--------------------------------------
                  77    ;       ROM BIOS DATA AREAS              :
```

A-2　System BIOS

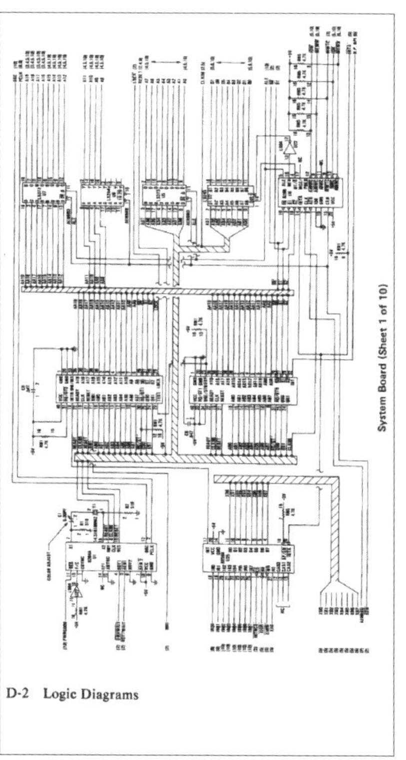



D-2　Logic Diagrams

※出典（左）："The IBM Personal Computer XT Technical Reference manual Revised Edition (April 1983)", p.A-2 BIOS FOR THE IBM PERSONAL COMPUTER XT, International Business Machines Corporation, 1983.

※出典（右）："The IBM Personal Computer XT Technical Reference manual Revised Edition (April 1983)", p.D-2 fig. System Board (Sheet 1 of 10), International Business Machines Corporation, 1983.

しかしコンピュータの進化＝複雑化の歴史が進むと、コンピュータの全体を完全に理解することが徐々に難しくなっていきます。おおまかに、コンピュータが動作する物理的な仕組み、電子回路の部分を「ハードウェア」と呼び、目的の機能をハードウェアを制御して実現する仕組み・手順を「ソフトウェア」と呼びますが、コンピュータの進化は、この両者を徐々に複雑化していきました。その結果、ハードウェアとソフトウェアは、知識体系としても学問体系としても独立したものとなり、特に学生さんが学校で勉強する内容としては、両方のすべてを一通り勉強することは物理的にほぼ不可能といえます。この傾向は、技術者にとっても同じで、両方に精通し、完全に理解している技術者は、ほとんどいない状況です。

▶ **図1-5　コンピュータの階層構造とソフトウェア／ハードウェアの境界**

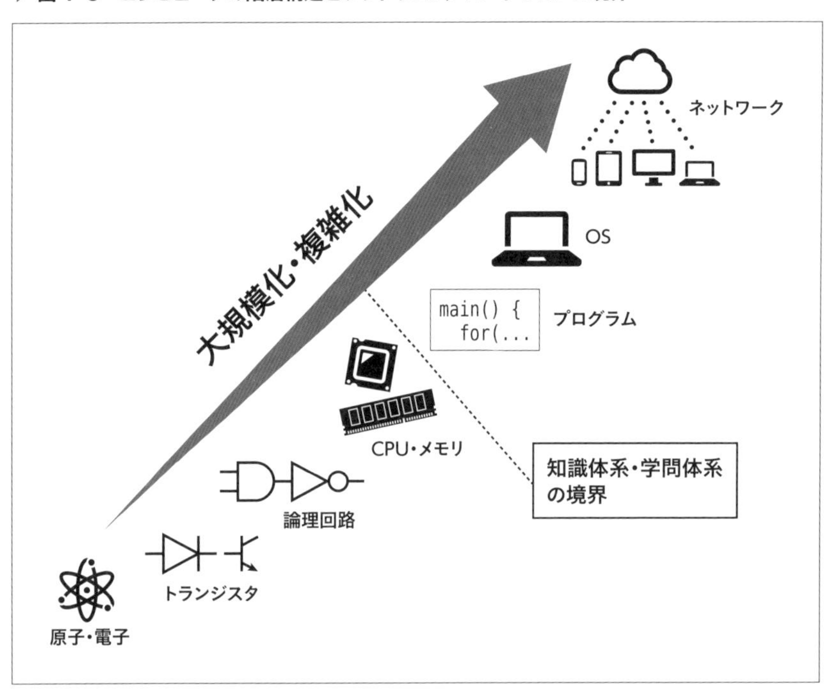

## コンピュータを理解する上での抽象化・ブラックボックス化

もちろん、このようなハードウェアとソフトウェアの分離には、いいこともあります。それは、「ブラックボックス化」と呼ばれる考え方です。例えばハードウェアの中身は「見ないこと」にして、それを制御するソフトウェアを書くことに専念する手法です。つまりハードウェアを、「使う上でどういう振る舞いをするか」という観点で理解をして、その仕組みは見ないことにするわけです。こうすることで、目的のためにどのようにソフトウェアを記述すればよいか、に専念できますので、より効率的に目的を達成できるわけです。

▶ **図 1-6 ブラックボックス化の概念**

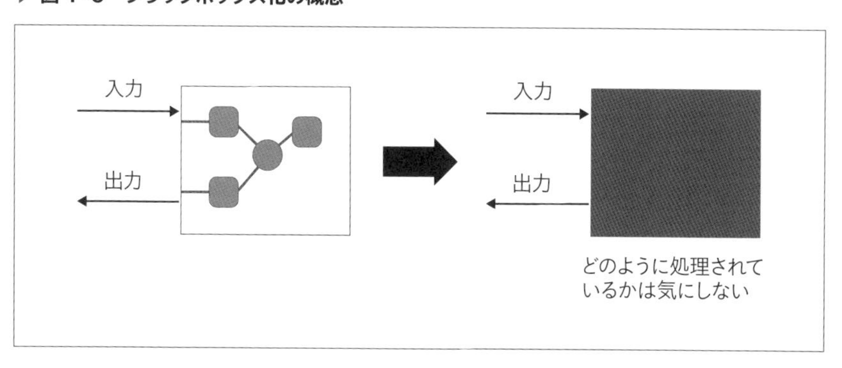


もちろん、ハードウェアとソフトウェアのような大きなくくりだけでなく、それぞれの中身をさらに細かくブラックボックス化していくこともできますし、実際にはそのような場面は多くあります。例えばWindowsやMacなどのソフトウェアをよく作る人なら、ある程度の機能をまとめたプログラムのライブラリを使うことが多いでしょう。そのライブラリは、API (Application Programming Interface) という使い方を知っていれば、その中でどのようなプログラムが動いていてどのような処理を行っているかを知る必要はありません。まさにブラックボックスです。

▶ 図1-7　APIをブラックボックスとして利用している

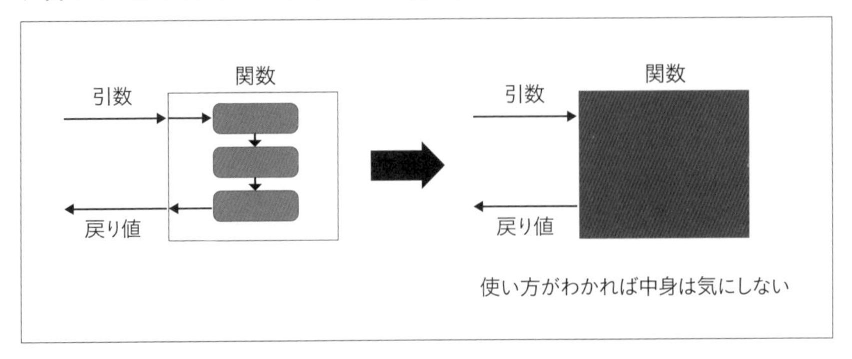


このように、コンピュータの歴史＝高性能化と複雑化の歴史であり、それを活用するために、さまざまなレベルでブラックボックス化をして「使う」ことに専念することで、より高度な目的を達成することができるようになってきた歴史、といえます。

# 1.2 ブラックボックスの中身を見るといいことが？

ブラックボックス化された中身は、その振る舞い、つまり使い方を知っていれば使えます。あたりまえですが、そのブラックボックスが、その使い方通りに働くもの、という前提があります。普通は知らなくてもよいブラックボックスの中身を、あえて覗いて理解することに、何かいいことがあるでしょうか。私は、大きく二つの意味があると思います。

## ブラックボックスの中身を見る＝限界を知る

一つの意味は、「そのブラックボックスを、より深く使いこなせる」ということです。ブラックボックスの中で、機能が働いている仕組みを理解してみると、実はこういう別の使い方もできる、とか、実はこうやって使ったほうが効率がいい、という発見があるかもしれません。ブラックボックスの「ハッキング」と呼んでもいいかもしれません。もちろんここでいうハッキングとは、情報を盗んだりコンピュータウイルスを実行するなどの悪い意味（これは本来はcrackingと呼びます）ではなく、想定されている本来の使い方ではないかもしれないけど、よりうまく使いこなす、というような意味です。

あるいは、ブラックボックスを使っていて、どうも挙動が怪しいなあ、というときには、その原因であるバグを見つけることができるかもしれません。中身を理解して限界を知ることで、その限界ぎりぎりまで使いこなす、ということもできるでしょう。

2018年に日本語訳が出版された書籍『ハードウェアハッカー』[注1]では、著者のアンドリュー“バニー”ファン氏がこのようなブラックボックスを徹底

注1　アンドリュー“バニー”ファン 著、高須正和 訳、山形浩生 監訳、『ハードウェアハッカー ～新しいモノをつくる破壊と創造の冒険』技術評論社、2018年

的に(もちろん合法的に)分解して理解し、それを使いこなす実践が多数紹介されています。最近のコンピュータの構成要素のブラックボックスは、主に知財保護の観点から、その中身を分析しにくくしてある場合がよくあります。それに対して、ありとあらゆる手段を駆使して、その中身を知ろうとしています。

人間は、どうしても「よくわからないものに対する不安」を感じがちなのですが、ブラックボックスの中身を知ってしまえば、このような不安を持つことなく、コンピュータとつきあうことができるわけです。書籍以外でも、いろいろな電子機器を徹底的に分解・解析する「テカナリエレポート(TechanaLye Sight Report)」というものがテカナリエ社[注2]から定期的に発行されています。このようなレポートを通じてブラックボックスの中身を知ることで、例えば「この機器には情報を抜き取るチップが載っているのでは？」というような推測に基づく理解ではなく、半導体チップのレベルまで分析してもそのような機能はない、と自信をもって理解できるわけです。

## ブラックボックスの中身を見る=原因を知る

ブラックボックスの中身を見ることの、もう一つの意味は、ブラックボックスを使ったシステム全体で問題が起こった場合に、その原因の切り分けをやりやすい、ということです。

万一、ブラックボックスの中身に不具合があった場合に、ブラックボックスの中身を知ることができないと、お手上げになってしまいます。もちろん、ブラックボックスは極力不具合が出ないように開発されているはずですが、どうしてもバグはつきものです。ブラックボックスの中身を知ることは、そのバグに対しても向き合うことができるわけです。このような問題は、普段あまり意識することはないのですが、コンピュータの心臓部であるインテル製プロセッサにセキュリティ面での問題が見つかって大騒ぎというニュースがときどきあるなど、コンピュータそのものの存在意義を揺るがしかねません。

注2　http://www.techanalye.com/

**▶ 図 1-8　プロセッサに起因する脆弱性「Meltdown」と「Spectre」を報じるニュース**

ITmedia NEWS > STUDIO > Intel、プロセッサ脆弱性はAMDやArmにもあり、対策…

Intel、プロセッサ脆弱性はAMDやArmにもあり、対策で協力中と説明

2018年01月04日 08時45分 公開

[佐藤由紀子，ITmedia]

米Intelは1月3日（現地時間）、複数のセキュリティ研究者が開示したプロセッサの2つの脆弱性について、この問題はIntelのプロセッサ固有のものではなく、米AMDや英Arm、OS提供企業などと対策のために協力していると説明した。

この脆弱性は、オーストリアのグラーツ工科大学や米Googleの研究者が発見し、「Meltdown」と「Spectre」と名付けた。まだ対策はないが、Intelは「現在のメディアによる不正確な報道に対処するため」、脆弱性の存在を認める声明を出したとしている。具体的な対策については「対策のためのソフトウェアおよびファームウェアのアップデートが可能になる来週発表する」という。

INTEL RESPONDS TO SECURITY RESEARCH FINDINGS

Intel and other technology companies have been made aware of new security research describing software analysis methods that, when used for malicious purposes, have the potential to improperly gather sensitive data from computing devices that are operating as designed. Intel believes these exploits do not have the potential to corrupt, modify or delete data.

Recent reports that these exploits are caused by a "bug" or a "flaw" and are unique to Intel products are incorrect. Based on the analysis to date, many types of computing devices — with many different vendors' processors and operating systems — are susceptible to these exploits.

Intelによると、この脆弱性を悪用されるとデータを盗まれる可能性はあるが、デ

メールマガジンのお知らせ

ITmedia NEWSメールマガジン最新号 テクノロジートレンドを週3配信

・「一部は在宅、残りは出社」が社員の不満のもとに？　「不公平」「仕事を頼みにくい」などの声

・AIが「架空のモデル画像」を生成　広告・ポスターで利用可能　スキャンダルでの降板リスクをゼロに

ご購読はこちら »

トレンド解説

・AWSのうっかり設定ミスが情報漏えいインシデントに…　対策ツールの導入がリスク回避の鍵になる

・クラウド利用の脅威は“社内”にも　内部不正対策で気を付けるべきポイントは？

・業務クラウドツール便利すぎ！　でも“特有”のセキュリティリスクがあることを正しく理解していますか？

・情シスの監視下にないクラウド社内利用は想定以上　なぜ“シャドーIT”を深刻に捉える必要があるのか

RANKING

1 Android 11 β1を使ってみました

2 「PS5」の開発中タイトルは28、「グランツーリスモ」に「バイオハザード」も

3 Zoom、中国政府の要請で米国で開催の天安門関連Web会議を閉鎖　改善を約束

※佐藤由紀子「Intel、プロセッサ脆弱性はAMDやArmにもあり、対策で協力中と説明」ITmedia NEWS、2018年1月4日公開（閲覧日　2020年6月15日）
https://www.itmedia.co.jp/news/articles/1801/04/news009.html

ところで私の実家に、とある有名電機メーカ製のBlu-rayレコーダがあります。このレコーダ、ディスクの取り出しボタンを押すと電源LEDが点滅し、30秒後にトレイが開きます。普通の感覚では、取り出しボタンを押したらすぐにトレイが開くと思うので、最初は壊れているのかと思ってしまいました。なぜ、このようなことが起こるのでしょうか。

おそらくソフトウェア設計者の言い分としては、制御コンピュータの速度が遅すぎるからだ、と言うでしょう。逆にハードウェア設計者の言い分としては、制御プログラムに無駄な処理が多すぎるからだ、と言うでしょう。実際にはこの30秒間は、基本ソフトウェア（OS）が起動している時間ではな

いかと思われるのですが、ソフトウェア、ハードウェアそれぞれの設計者にとって、他方がブラックボックスになっているために、その中で何が起こっているかを十分理解できず、そのために全体としての解決のしようがないということが起こっているのではないかと思われます。

このようなブラックボックスの中の動作がわからないことから生まれる問題は、今後、本格的に起こりえます。そのような時代に備えるためにも、少なくとも（いざとなったら）ブラックボックスの中身を開ける勇気と、それを理解する道具は持っておきたいものです。

# 1.3 コンピュータの歴史と表裏一体の「半導体の歴史」

ここまで複雑化・高度化して、私たちの生活に欠かせないものとなったコンピュータですが、その歴史は、単に「技術の進化」だけでは説明がつかない面があります。それは、半導体の歴史、です。コンピュータの黎明期に、偶然にも半導体が発見（発明）されましたが、それはコンピュータの物理実体となり、またそれが本質的に持つ性質が、まさにコンピュータの歴史そのものになっていきました。それはまた、コンピュータの中身が見えなくなっていく、ブラックボックス化の歴史そのものでもあります。

## コンピュータの中身=集積回路

コンピュータの中身は、電気で動く電子回路ですが、現在のコンピュータは、ディジタルな動作原理に基づくものがほんどです。基本的には0と1の2つの信号の組み合わせで情報を扱い、その情報に対する演算（ブール代数）の原理で動作します。電気信号をブール代数で扱う物理的な方法はいくつかありますが、現在のほぼすべてのコンピュータは、シリコン（ケイ素。元素記号Si）を基本材料とする集積回路（IC；Integrated Circuit）が用いられています。

▶ 図 1-9　樹脂製のパッケージの中から取り出した集積回路

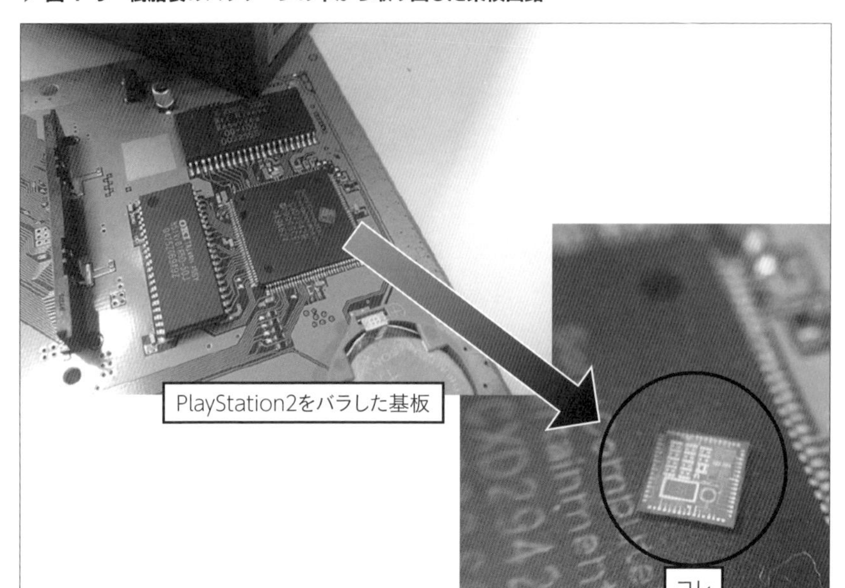


集積回路は、俗に「チップ」とも呼ばれます。コンピュータの機能素子そのものを指す言葉として用いられることもありますが、本来は、電子回路をシリコンの小さな破片(チップ)の上に作りこんだものです[注3]。つまり電子回路を構成する部品(トランジスタ、抵抗など)とそれらをつなぐ電気配線を、シリコンのチップに作りこんだ素子です。

## コンピュータの歴史と集積回路の歴史

1960年ごろに発明されたシリコン集積回路がここまで広く用いられ、かつそれがコンピュータの進化を支えてきたのには理由があります。

まず、シリコン集積回路の材料のシリコンは、岩石の主成分が二酸化ケイ

注3　可動部品がないことから、固体回路(solid-state circuit)と呼ばれることもあります。

素($SiO_2$)であるように、地球上に豊富に存在する元素ですので安定して入手できます。

また、集積回路として部品(特にMOSトランジスタ)と配線を形成するためには電気を通さない材料である絶縁体が不可欠ですが、チップ母体のシリコンを酸化した二酸化ケイ素は、物理特性も電気特性も非常に優れた絶縁体になります。

さらに、電子回路の構成部品としては、導体と絶縁体の中間の性質を持ち、条件に応じて電気抵抗が変わる半導体材料が必要不可欠ですが、シリコンに別の元素(それも入手が容易な元素)を微量に混ぜることで、半導体の性質を持つ材料を得ることができます。つまりシリコンは、集積回路の物理的実体としては奇跡的ともいえる材料なのです。

このような材料としてのシリコンの性質に加えて、集積回路にはもう一つ、そこに内在している大きな特徴があります。それは、コンピュータの構成要素となるディジタル回路では、集積回路上の電子回路を、その構成部品も含めてサイズを変えても、基本的な機能が変わらない、というものです。

**▶ 図 1-10　集積回路の比例縮小則**

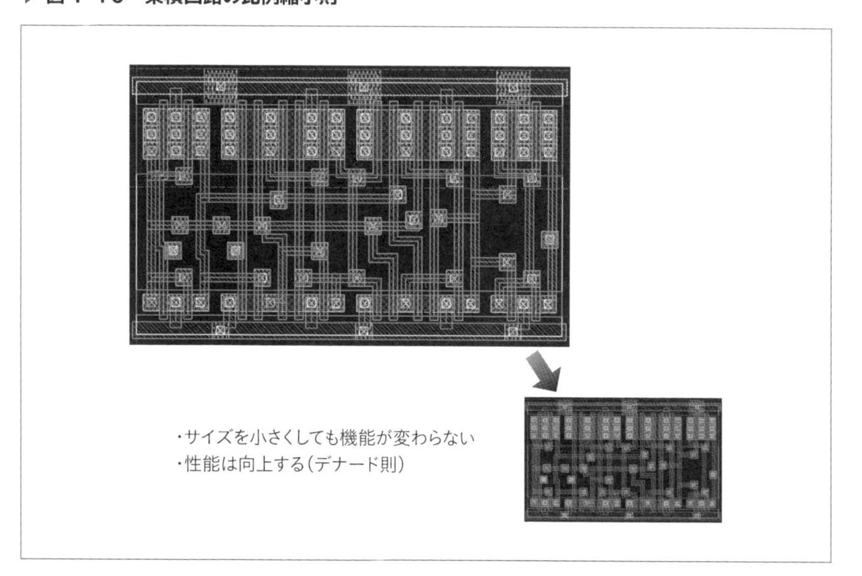

紙に書かれた文字の情報は、文字の大きさを小さくしても、読みにくくはなりますが、情報としては同じ価値を持つわけです。これと似たイメージで理解していただければと思います。

▶ 図1-11　文字の情報の価値は変わらない

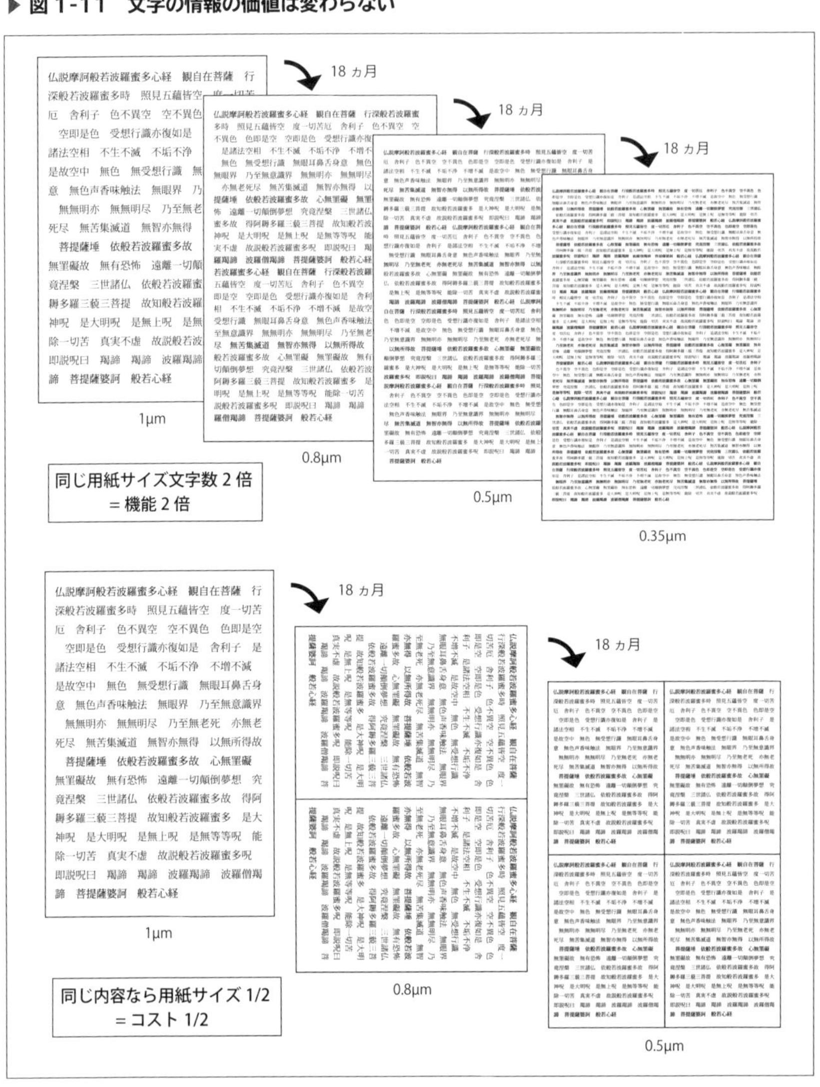

このサイズを小さくしても機能は変わらないという特徴は、次のように言い換えることができます。

**同じシリコン材料に、より多くの機能を入れることができる**

つまり同じ面積のチップに、より多くの機能を入れられるわけです。例えばメモリであれば記憶容量が増やせますし、コンピュータであれば演算装置を増やすなどして機能を増やせます。

あるいは別の観点として、次のように言い換えることもできます。

**同じ機能を実現するのに必要なシリコンチップが小さくて済む**

つまり同じ機能が、より小さなシリコンチップで実現できるわけですから、それに必要なシリコン材料が少なく済んで価格が下がる、という効果が出ます。

## ムーアの法則、その意義

このように、基本的にシリコン集積回路、特にディジタル集積回路は、その部品や配線をなるべく小さく作ったほうが得策である、といえます。

▶ 図1-12　比例縮小の原理と効果の式

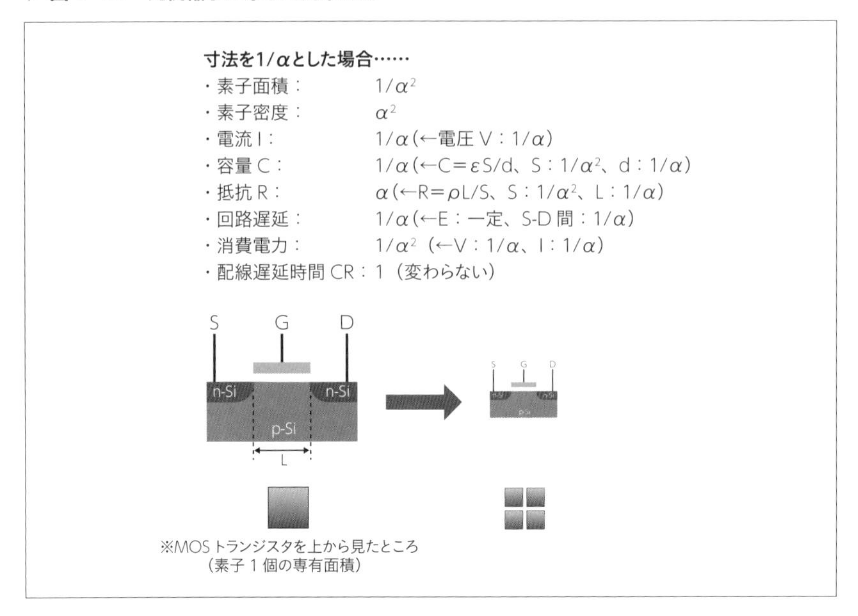


これらの効果についての定量的な議論はR.H.Dennardによって行われていて[注4]、要約すると「何一つ不都合なことはない」といえます。

それなら誰でもなるべく小さく作りたいわけですが、当然ながら小さく作るのには技術的な困難が伴います。少しずつ技術が進歩しながら、少しずつ小さい部品と配線が作られていくようになり、それに伴ってチップ上には大規模な電子回路が集積されていくようになりました。チップ上の部品や配線は、チップ上に平面状に配置されますので、一辺のサイズが1/2倍になると、チップ上の面積は1/4倍となり、また同一チップ面積に載せられる部品の数は4倍になります。そして微細加工の技術の進化によって実現可能なサイズがおよそ1.5年で$1/\sqrt{2}$倍と、等比数列的に小さくなっていったため、チップ上の回路は1.5年で2倍、つまり3年で4倍というペースで増えていきました。

注4　R.H.Dennard et al., "Design of ion-implanted MOSFET's with very small physical dimensions", IEEE Journal of Solid-State Circuits, Vol.9, No.5, pp.256-268, Oct. 1974.

**▶ 図 1-13　プロセッサに使用されるトランジスタ数の推移と微細加工の進化**

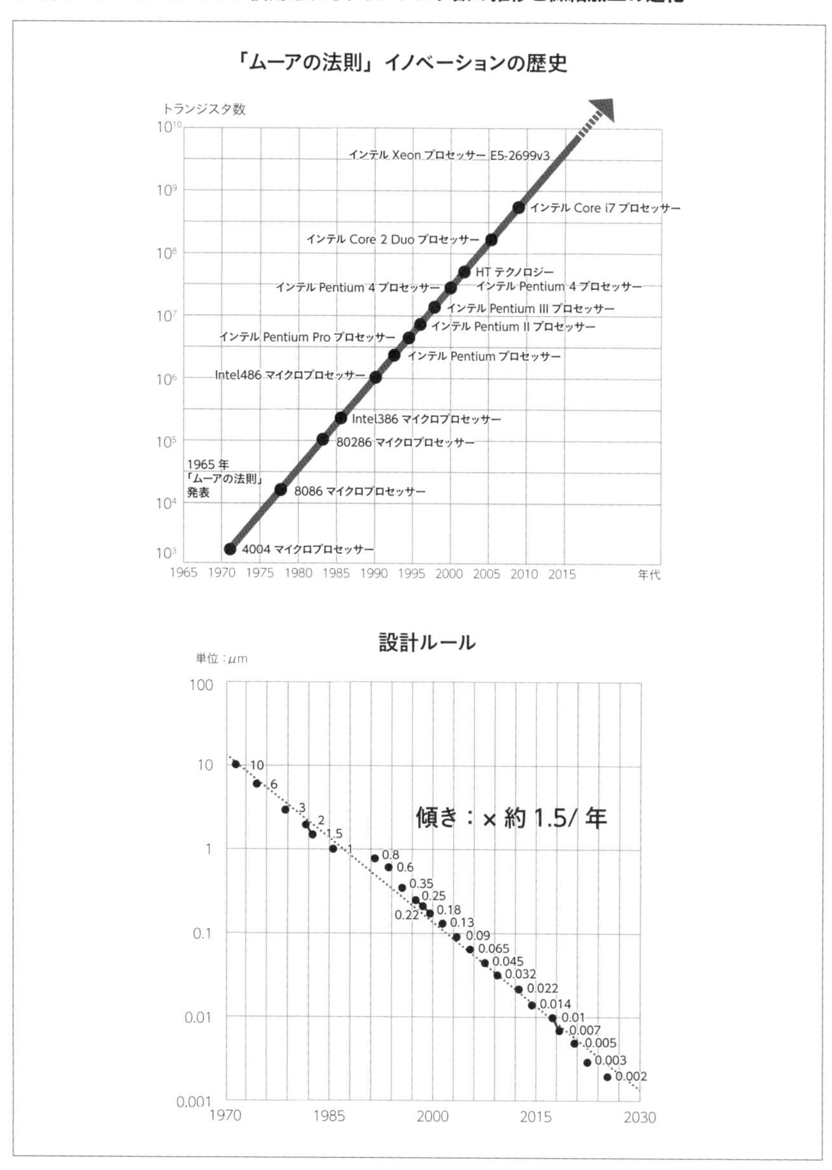


※出典：「マイクロプロセッサーを支えるインテルのテクノロジー」インテル・ミュージアム（閲覧日　2020 年 6 月 15 日）
https://www.intel.co.jp/content/www/jp/ja/innovation/processor.html

これが、インテル社の創業者の一人であるG. Mooreによって提唱[注5]された「ムーアの法則」と呼ばれるものです。余談ながらムーア自身がムーアの法則と呼んだわけではなく、将来部品と配線が小さくなってチップ上に載る回路が大規模になるだろう（そしてそれによって当時大きな問題だった故障が減るだろう）という予測を述べただけでした。しかし、それが描く未来があまりに魅力的なものであったため、それが予測から技術開発の目標に変わっていったという経緯があります。つまりムーアが未来を予測したのではなく、ムーアの予測する未来が実現されるように技術が進歩してきた、という理解のほうが正しいと思います。

このように、ムーアの法則を達成するため、集積回路の技術が進む方向はより小さな部品・配線を作ろうという非常に明確なものでした。そして実際、その方向に技術が進歩しました。ただ、当然ながら部品や配線は無限に小さくはできません。もちろん原子のサイズという究極の限界はありますが、それよりも前に、いろいろな要因によって、加工の微細化と集積回路の機能向上が困難となる場面はいくつもありました。そのたびにさまざまな技術開発によって限界を乗り越え、つい最近までムーアの法則通りに技術は進んできたのですが、さすがにそろそろ限界が見えているようです。

## 限界が見えてきたムーアの法則

最近の量産されている集積回路に載っている１個のトランジスタは、電流が流れる方向には原子数個分というサイズにまで小さくなってきています。このように原子サイズの「構造物」が何億個も載った集積回路のチップが、工業製品として設計されて量産されているのは、もはや驚異的としか言いようがないのですが、そのようなことが現実に起こっているわけです。

注５　Gordon E.Moore "Cramming More Components onto Integrated Circuits", Electronics Magazine Vol.38, No.8, pp.114-117, April 19, 1965.

▶ **図1-14 最近のトランジスタ（FinFETトランジスタ）**

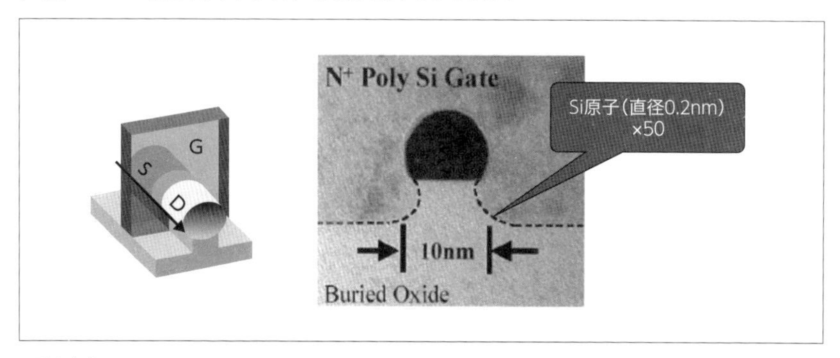


※写真出典：Fu-Liang Yang, "Nanowire silicon body with 10nm diameter", Taiwan Semiconductor Manufacturing, 2004

しかしここまでトランジスタが小さくなると、量子力学的な現象が見られるようになってきます。例えば量子力学では、絶縁体で電流が流れないように止めているつもりでも、ある確率で電流が流れてしまう（電子が絶縁体を通り抜けてしまう）トンネル効果という現象があります。

▶ **図1-15 トンネル効果によって起こるゲートリーク電流**

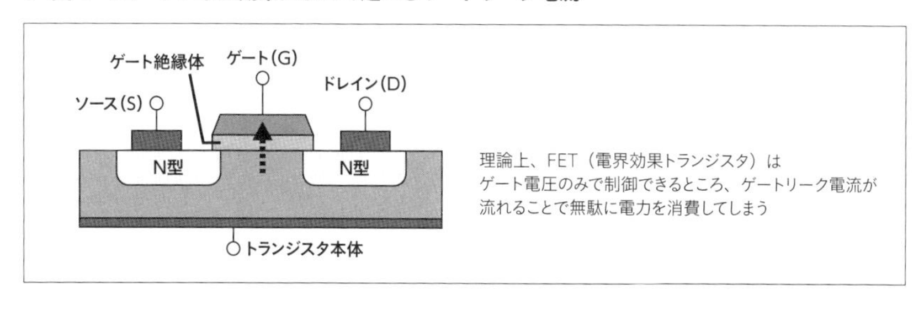


もちろん私たちの普通の電子回路の世界ではこのようなことは起こりません（正しくは、起こる確率が無視できるほど小さい）。しかし、ムーアの法則の先にある原子数個サイズのトランジスタでは、いくら電流を止めているつもりでも、ある確率で電流が流れてしまう、という現象が実際に起こりえますし、制御電極のゲートとトランジスタ本体を分離するゲート絶縁膜を越えるトンネル効果による電流は現に無視できなくなりつつあります。

これは、すべての情報を０と１で扱うコンピュータでは、深刻な問題です。コンピュータの動作原理は、0は0、1は1であることは当然で、その前提のうえで理論体系が組み立てられています。しかしその前提が、一定確率で崩れるわけですから、まさに世界が崩壊するわけです。具体的にはコンピュータが一定確率で正しく動作しない（計算結果が異なる、ハングアップする、など）現象として現れるでしょう。

現在は、さまざまな技術が駆使されて、このようなことが、見かけ上は起こらない（起こる確率が無視できるほど小さい）ようにできています。しかし、問題の本質が量子力学の現象であることから、根本的な解決は不可能です。

## トランジスタの挙動が「わからなく」なる

このような現象は、「トランジスタのガン化」とでも言えるかもしれません。私たち生物の体は無数の細胞からできていて、それらが予定通りの機能を果たすことで、生物は生きていられるわけです。しかしその細胞がガン化して予定されていない機能（急速に増殖する場合が多い）を果たすようになると、生物として生きていられなくなってしまいます。本来生物も細胞も分子や原子からできているわけですから、原子や分子を扱う学問体系である化学と、生物を扱う学問体系である生物学は、統一して理解できるはずです。しかしあまりにも化合物としての生物が複雑であるため、化学と生物学は別の学問体系になっています。

コンピュータはトランジスタの電子回路から成り立っていて、トランジスタは原子から成り立っているわけですから、本来はすべてつながった学問体系、知識体系で理解できるはずです。しかし前述のようにコンピュータが複雑化してブラックボックス化し、量子力学的に一定確率で予定外の動作をする状況に至っては、化学と生物学と同じような分断が起こりつつあるような気がしてなりません。そしてこのような分断とブラックボックス化は、コンピュータそのものの意義を脅かしかねません。

次の章からは、このようなコンピュータの分断を、ソフトウェアとハードウェアの両側から、行けるところまで見ていくことにしましょう。

# 第2章 ソフトウェアから近づいてみる

第2章では、コンピュータの構造を、ユーザに近い立ち位置から順に中に降りて見ていくことにしましょう。なお、それぞれの階層やそこで使われる技術についての詳細は、本筋を損なわない程度にだいぶ簡略化しています。詳しく知りたい方は、専門書などを参照してください。

# 2.1 IoT：モノのインターネット

私たちがコンピュータを使う場面を想像してみましょう。といってもパソコンやスマホに限らず、第１章で見てきたように、一見コンピュータは入っていなさそうでも実は入っているものも含めて、です。

最近、「IoT」という言葉を耳にする機会が多くなりました。IoTは、Internet of Thingsの略で、「モノのインターネット」と訳されます。IoTが示すものは幅広くて人によって解釈もだいぶ違うのですが、文字通りにとれば「インターネットにつながっているモノ」ということになります。身近なところでは、スマホにつながる家電製品も一般的になってきました。スマホにつながる体重計、スマホにつながる電子レンジ、などなど。これらの機器とスマホは、Bluetoothという無線通信規格で接続されるものも多いようですが、いずれにしてもスマホはインターネットにつながっていますから、結果として、これらの機器はインターネットにつながっていることになります。

▶ 図 2-1　さまざまなモノから情報が集まり、分析して活用されている

またテレビやAmazon EchoのようなAIスピーカのように、直接Wi-Fiを通してインターネットにつながる機器も多くあります。ほかにも、建物や畑に各種センサを置き、その情報をインターネットに送る機能を持つシステムも実用化されたものが増えてきました。

インターネットにつながるということは、世界中のあらゆる場所と情報の転送ができるということです。私たちの身近な電子機器が、世界中のあらゆる場所と情報のやりとりができると、どのようないいことがあるのでしょうか。

一つは、個別の情報だけではわからないことが、いろいろな場所のデータをまとめて見ることで明らかになってくることがある、ということです。いわゆるビッグデータと呼ばれるもので、その情報の量が増えるほど、そこから見えてくる（明らかになってくる）ものは多く、そして深くなります。このような多くのデータに基づく分析は、人工知能（AI；Artificial Intelligence）の根幹でもあります。

もう一つは、センサから得られた情報の分析を、センサのところで行う必要がなくなる、ということです。一般にIoT機器は、小さなバッテリや、場合によっては太陽電池のような少ないエネルギー供給のもとで動作せざるを得ません。センサから得られた情報が持つ意味をコンピュータが分析するには、それなりにエネルギーがかかるわけですが、そのような余裕がない場合も多くあります。そこでセンサの情報の分析は、センサを置いてある場所では行わず、とりあえずインターネット経由でデータを貯めるところ（サーバ）に送っておいて、その分析はそっちで行うようにする、という構成が現実的です。

利用可能なエネルギーが限られるセンサ以外でも、スマホのような小さい機器ではコンピュータの能力が相対的に低いため、「重い処理」はスマホでは行わずに、データを送った側で行うようにする、という構成もよくとられます。必要ならば「そっち側」で分析などを行った結果を、再びインターネット経由でスマホ側に戻して利用する、ということもできます。例えばAppleのSiriに代表されるAIアシスタントの多くは、このような構成で行われます。

## 2.2 インターネットの情報のやりとり

　このようにインターネット経由で、いろいろな情報がやりとりされるようになるわけですが、その「情報のやりとり」をもう少し詳しく見ていきましょう。

### 「Webページを見る」手順

　インターネット経由の情報のやりとりには、いろいろな「取り決め」があります。それは専門用語では「プロトコル（protocol）」と呼ばれます。例えばWebページの情報を、Webサーバからクライアント（スマホのWebブラウザなど）へ転送するには、HTTP（Hyper Text Transfer Protocol）という取り決めに沿った手順で行われます。

▶ 図2-2　HTTPの例

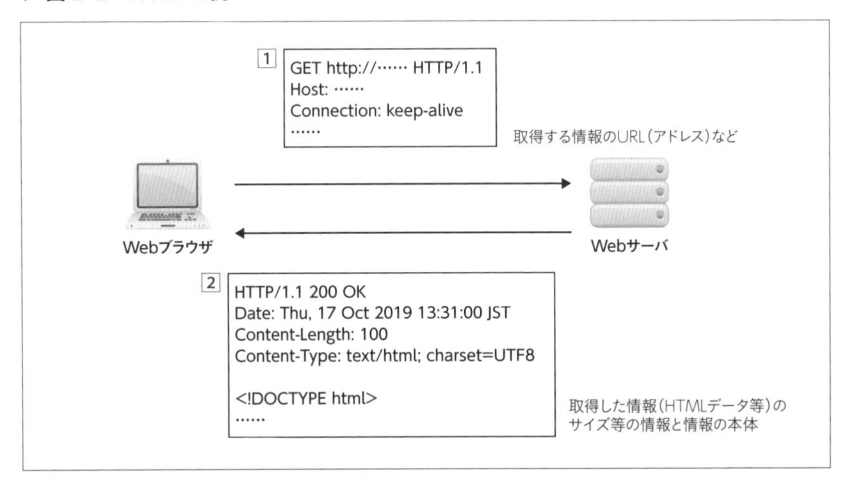

具体的には、まずクライアントからサーバに「このWebページの情報をくれ」と要求を出し、それに対してサーバが応える、という手順です。もちろんその要求と応答も、どのような文字列を使うかは決まっています。このような取り決めをしておくことで、世界中のWebサーバから、スマホ、パソコン、さらにはマイコンまでいろいろなクライアントがWebページの情報を取得できるわけです。

このような取り決めは、用途に合わせていくつもあって、世界中のみんながそれに沿って通信をするように機器を設計して運用することで、インターネットの世界が成り立っているわけです。これらの取り決めは、基本的に「文字列（データ）」のやりとりです。では、そのデータのやりとりがどのように行われるかを、もう少し詳しく見ていきましょう。

## インターネット上の情報のやりとり

インターネット上のデータのやりとりは、基本的にIP（Internet Protocol）という手順で行われます。そのまんまの名前ですね。IPは、もう少し詳しい情報を付加してTCP/IP（Transmission Control Protocol/IP）という取り決めで使われることが一般的です[注1]。これは、やりとりしたいデータ自体のほかに、以下のような情報を追加してやりとりするものです。

- **送信先の情報（アドレス、ポート番号）**
- **送信元の情報（アドレス、ポート番号）**
- **通信経路に関する情報**
- **エラー訂正に関する情報**

そしてこのデータを、インターネット上の中継器（ルータ）が仕分けながら、目的の送信先まで届ける、というわけです。

例えば私の研究室のWebページのURLは「http://ifdl.jp/」です。このURLでクライアント（例えばパソコンやスマホのWebブラウザ）がインター

注1　もう一つよく使われるものに、UDP/IP（User Datagram Protocol/IP）があります。

ネット上のデータ通信を行って情報を取得する手順は次のようになります。

1 最初の「http」から、データ通信を行う取り決め（プロトコル）がHTTPであることがわかる。なおHTTPでは、送信先のポート番号は80番であることが取り決めで決まっている
2 HTTPプロトコルでWebページの情報を取得する通信（リクエスト）を、Webサーバである「ifdl.jp」へ送信しようとする
3 この時点では、「ifdl.jp」がインターネット上のどこにあるかはわからないので、DNS（Domain Name Service）というプロトコルに沿ってアドレス（IPアドレス）を取得する
4 取得したIPアドレスに向けて、このリクエストを示すTCP/IPデータ（パケット）がクライアントを出発する
5 インターネット上の経路（ルータ）が持っている情報をもとにデータの通信経路を適宜選択していき、最終的にWebサーバに届く
6 Webサーバは、このリクエストに対して、Webデータ本体を返送する（返送はこれまでのルートの逆で進む）

▶ 図2-3　インターネット上で情報を取得する流れ

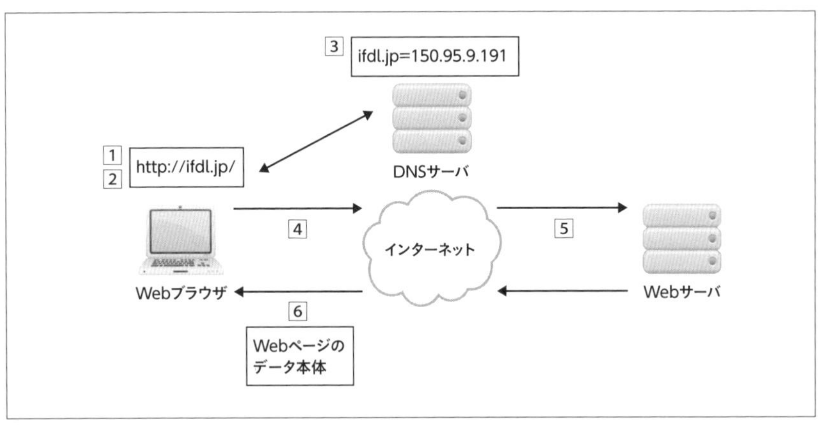

### インターネット上の通信を階層的に理解する

単にインターネット上で通信する、といっても、ずいぶんいろいろなことが行われていることがわかります。もちろん私たちは、普段Webページを見る際に、このような複雑なやりとりが行われていることを意識することはほとんどありません。だからこそ、思う存分インターネットを利用して「やりたいこと」に集中できるわけです。

ただ、通信がうまくいかないなどのトラブルが発生した場合には、その原因をつきとめるのに、このような手順を理解して分析することが必要ですし、そのような知識を概略だけでも持っておくことで損はしないでしょう。また必要であれば、これらのTCP/IPパケットは、専用のソフトウェアを用いれば、1バイト単位で確認することもできます。ですので、その気になれば、1バイト単位のデータ通信から、インターネット全体の挙動を理解することも不可能ではありません。

ちなみにインターネット上の通信は、LANケーブルのコネクタの形状やWi-Fiで用いる電波の周波数や変調方式といった物理現象に近いレベルから、データ通信で文字化けが起こらないようにエラー訂正を行ったり返事がない場合にタイムアウトとしたりといった通信そのものを確実に行うための手順、さらにはHTTPのようなデータ転送の内容・目的に応じた取り決めまで、7階層に分かれてコンピュータ上の機能として実装されています(OSI参照モデル)。これに沿って、世界中のコンピュータがインターネット上の通信を行うように設計されているので、世界中の人たちや機器が自由に情報のやりとりを行うことができるわけです。

▶ **図 2-4　OSI参照モデル**

| | |
|---|---|
| 第７層 | アプリケーション層（HTTP、FTPなど） |
| 第６層 | プレゼンテーション層 |
| 第５層 | セッション層 |
| 第４層 | トランスポート層（TCP、UDPなど） |
| 第３層 | ネットワーク層（IPなど） |
| 第２層 | データリンク層（Ethernetなど） |
| 第１層 | 物理層（LANケーブルなど） |

ここまで、コンピュータどうしが情報をやりとりする仕組みを、「情報をやりとりする」という大ざっぱなレベルから、1バイト単位での通信というかなり細かいレベルまで、順に見ていきました。こうして、コンピュータどうしの情報のやりとりが、1バイト単位の通信の組合せで成り立っている、という階層構造が、なんとなく見えてきたと思います。ここではそれぞれの詳細よりも、ぜひ「すべての階層がつながっている」ということを感じていただければ十分です。

# 2.3 コンピュータの中へ



さて次に、こうしてコンピュータの「外」からやってきた情報が、「中」でどう扱われるのかや、「中」での情報のやりとり、動作の仕組みを、順に見ていくことにしましょう。

まず外からやってきた情報は、コンピュータの中の「受信バッファ」と呼ばれる、一時的な記憶場所に保存されます。そしてそこに情報が届いたことを「知らせ」ます。そしてその知らせを「受け取った」プログラムが、そのデータに対する「処理」を行っていくことになります。その処理も、TCP/IP形式で届いたデータから、データの中身を取り出し、その中身を「解読」し、それに応じた動作をする（例えば応答を返すなど）ことになります。

▶ 図 2-5　階層構造でコンピュータの動作を考えてみる

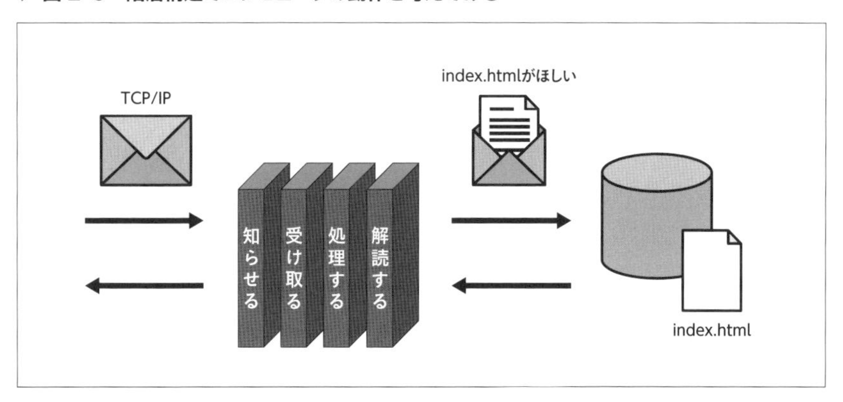


さてここで、「知らせる」「受け取る」「処理する」「解読する」など、やや抽象的な表現を使いました。後ほど詳しく見ていくように、コンピュータの動作は、基本的にはプログラム中の命令の実行で、その実体は電子回路（順序

論理回路）です。これらの抽象的な表現と、「命令の実行」というのは、ずいぶん開きがあるように感じます。この開きは、例として私たちの行動を分解していくと理解しやすいと思います。例えば私たちが「階段を上る」動作は、両足を交互に出したりバランスを取ったりする、という動作に分解できます。両足を交互に出す動作は、太ももの屈伸に分解でき、さらに太ももなどの筋肉をタイミングよく弛緩させる動作に分解できます。そしてそれぞれの筋肉の弛緩は筋タンパクの収縮動作へと分解できます（必要ならばさらに分解して原子レベルの挙動として理解を進めることもできます）。

▶ 図 2-6　階段を上る動作の階層構造

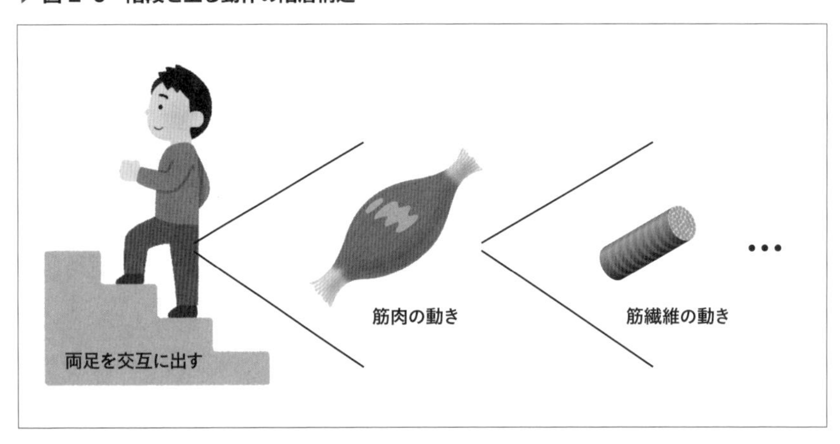


もっとも「階段を上る」という動作を、一本一本の筋タンパクがどう収縮するか、というレベルで考えるのは現実的ではありません。そこで段階ごとに「階層化」して考えます。さきほどのインターネット情報のやりとりも、いくつかの階層化をして理解していました。「階段を上る」動作にしても、例えば「筋肉」という階層を置くことで、その中身である筋タンパクの弛緩までは見ずに、筋肉の収縮、という抽象化ができて、その筋肉の組合せから太ももの屈伸へと理解が進められるわけです。こうすることで、各階層の中身を見る必要がなくなり、その動作を抽象化することで、全体の動作を理解しやすくなります。

### コンピュータの動作の抽象化のレベル

コンピュータの動作でも、まずは「データを受信する」「データを解釈する」「データを処理する」などの動作を行うそれぞれのプログラムを「プロセス」という単位で考え、それらが相互に「情報をやりとり」しながら連携して動作する、という階層を考えます。そしてこれらのプロセスが正しく実行され、動作を止めてしまった(ハングした)プロセスがあってもほかは動作を続けられるようにしたり、相互の情報のやりとりを仲介する仕組みが必要です。

これは、プロセスが動作するためのインフラ、縁の下の力持ちのような存在で、基本システム(OS；Operating System)と呼びます。OSにもサーバ向けのUNIXやLinux、パソコン向けのWindowsやmacOS、スマートフォン向けのiOSやAndroidなど、用途に応じていろいろなものがあります。

▶ 図 2-7　コンピュータの階層構造

こうしてOSが陰で支えてくれることで、各プログラムは自分の処理に専念できます。このOSの働きを、もう少し抽象度が高い階層でまとめたものもよく使われていて、「ミドルウェア」と呼ばれます。例えばWebサーバは、HTTPでのデータの受信やその解析、その応答や必要に応じて別のプログ

ラムを起動するなど、さまざまな機能を持ちます。もちろんOSの上で動作はするのですが、それ自体がミニOSとでも呼ぶべき機能を持っています。

ハードウェアにより近いレベルでコンピュータを制御する組み込みシステムの世界では、ディスク上にファイルを作成したり読み書きしたり、ディレクトリ構造を扱う、などのファイルシステム（FAT、ext3など）や、情報の暗号化や画面にウインドウを表示して操作するためのGUIもミドルウェアです。私たちがプログラムを書くときは、OSを直接つつくよりも、ミドルウェアをつつく場合のほうが多いでしょう。

## コンピュータの入出力

プログラムの動作は、最終的には物理実体の操作を伴う場合がほとんどです。例えばキーボードから文字を入力する、ディスプレイに文字を表示する、音を鳴らす、Wi-Fi経由でデータを送受信する、などです。このような物理実体の操作を行う装置を一般にデバイスと呼びますが、これらのデバイスの操作は、そのデバイスの物理特性に大きく依存します。

例えば「キーボードから文字を入力する」といっても、キーボードに対してUSB経由でどのようなコマンド（それがどのようなデータ列か？）を送り、返ってきたデータと押されたキーとの対応（キーコード）を解釈することなどは、キーボードという物理デバイスの特性そのものです。幸いにも、キーボードやマウスなどは、HID（Human Interface Device）という規格があり、世の中のキーボードやマウスは、ほぼすべてこれに準拠しているので、メーカごとにデータの送受信の規格がバラバラということはありません。

しかし、ディスプレイ（の表示情報を生成するボード、いわゆるグラボ）やUSB-シリアル変換機などは、各メーカが独自の機能を搭載している場合が多く、HIDのような標準規格に準拠していないものも多くあります。例えば「どの設定レジスタにどういう情報を書き込むと初期化されるか」というレベルで、バラバラです。そのため、各メーカが、そのデバイスを最大限活用できるような「デバイスドライバ」を提供している場合がほとんどです。

パソコンを使っていて、買ってきたデバイスをつなぐと、デバイスドライバのインストールを求められる場合も多いですよね。このデバイスドライバには、APIが定義されていて、例えば「初期化する関数」を自分のプログラムから呼び出すと、そのデバイスの仕様に沿ってデバイスドライバが初期化の処理を行うことになります。このデバイスドライバも、コンピュータの階層化の一つで、かなり物理実体に近いレベルを扱う階層ということができます。



## コンピュータの記憶システム

コンピュータの階層化の別の側面の例として、「仮想記憶」というものがあります。コンピュータのメモリは、実体としてはメモリモジュールやCPU上のキャッシュメモリ、HDD/SSDなどの外部記憶やUSBメモリなど、さまざまな形態があります。それぞれ、容量やアクセス速度に違いがあります。このうちメモリモジュールは「主記憶」としてプログラムやデータが置かれるのですが、物理実体としては、メモリ内の記憶場所を示す「アドレス」と、そこに保存されている「データ」です。

当然ながら、アドレスが示すデータ保存場所は、物理的には1箇所だけです。ところがプログラムはOSの上で複数動いていますが、それぞれのプログラムが「0番地」のような特定のアドレスから始まるように書かれています。つまり「0番地」が示す場所がプログラムごとに複数あることになってしまいます。そのため、各プログラムが「0番地」と思ってアクセスする物理的なメモリの実体が、プログラムごとに別の重複しない物理メモリ内の場所になるように、OSが管理します。そしてプログラムが必要なメモリが主記憶では足りなくなったら、一時的にHDD/SSDなどの外部記憶をメモリのように扱う（スワップ）こともOSが必要に応じて行います。

このような仕組みにより、プログラムは、メモリの実体がどこにあるかを気にすることなく、プログラムの動作（やプログラマがプログラムを記述すること）に専念できます。これもコンピュータの動作の抽象化の階層構造の一つといえます。

▶ **図 2-8　仮想記憶のしくみ**

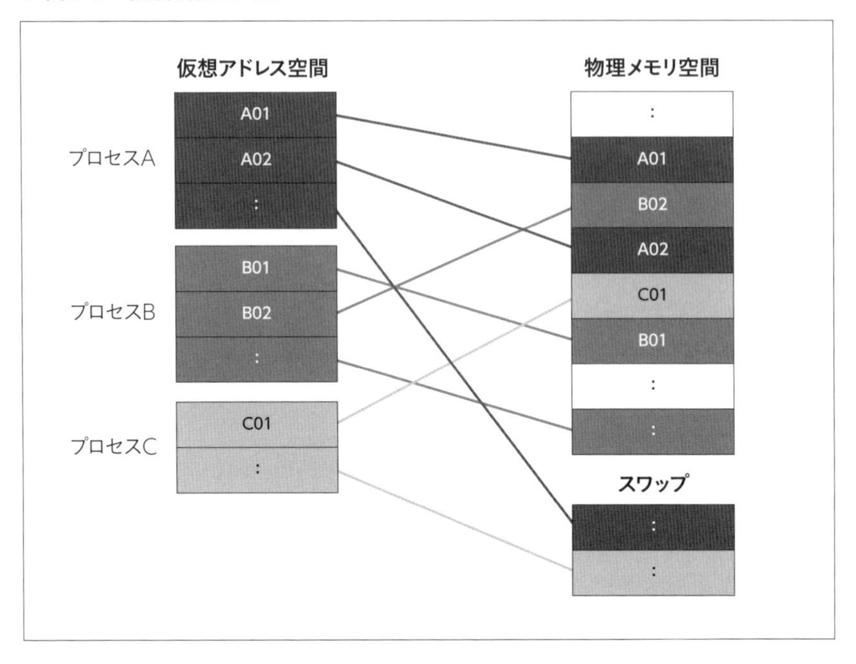

# 2.4 マイコンの世界



ここまで、コンピュータの動作をいろいろな階層に分けて、順に物理実体に近いところまで見てきました。コンピュータは、高度化・複雑化しながら小さくなってきました。その一方で、コンピュータが小さくなっていったことで、コンピュータ自体が「部品」として使われる場面も増えてきました。つまりコンピュータが「システムの主役」ではなく、「構成要素のひとつ」になるわけです。このような「部品としてのコンピュータ」の一つに、「マイコン」と呼ばれるコンピュータがあります。電子工作などでも使う「マイコン」は、コンピュータの一種なのですが、かなり物理実体に近い部分のみを扱うように特化されたコンピュータ、ということもできます。

マイコンの定義はさまざまなのですが、一般に次のような特徴を持つものを指します。

- **CPU、メモリ、IOなどのコンピュータの構成要素がワンチップに集積されている**
- **CPUの演算性能やメモリ容量は、一般的なコンピュータよりも何桁も低いことが多い（それでも初期のスーパーコンピュータ並）**
- **IOが、用途に応じて種類が多いものが多い（例えばタイマ、パルス生成回路、シリアルなどの通信機能など）**
- **メモリはあとからユーザが書き換えられ、電源を切っても保存されるものが多い（フラッシュメモリなど）**
- **数百円程度と安価なものが多い**

ちなみにマイコンは、Micro Controllerの略で、物理対象を制御するチップという意味ですが、中身は上記のように小さいとはいえ立派なコンピュータなので、Micro Computerの略、とされる場合も多いようです。

## 小さなコンピュータ：マイコン

マイコンの演算性能やメモリ容量などの性能もさまざまなのですが、OSを載せるほどの余裕がないものが多く、直接プログラムで物理対象を制御することが多くなります。例えばLEDの輝度を変えるのには、パルス波形のON/OFFの時間の比を変えるPWM(Pulse Width Modulation)駆動を使うことが多いのですが、PWM駆動は、カウンタと比較器からなるPWM生成回路をマイコンが内部に持ち、その比較器に与えるパルスの周期やONの幅を決めるメモリ(レジスタ)をプログラムから読み書きできるようにしている場合がほとんどです。

そしてマイコンぐらいのプログラムだと、CPUが実際に実行する命令であるマシン語(機械語)もそれほど複雑ではありません。そのため、C言語などの高級言語で書いたプログラムをコンパイルして生成されたマシン語プログラムも、少し頑張れば理解できますし、必要ならばプログラムの一部を直接マシン語で書くことも、それほど難しくはありません。ある程度論理回路に詳しい方であれば、PWM生成回路を論理回路で組んだり、Verilog HDLで記述することも、それほど難しくはないでしょう。

このようにマイコンぐらいの規模のコンピュータだと、プログラムからレジスタへのアクセス、マシン語命令、PWMなどの周辺回路のあたりまでは、なんとか全体像として動作が理解できそうです。つまりマシン語のプログラムを呼んで、レジスタの値をノートにメモしながら、どのように動作が進んでいくかを、人間が頭の中で追うことを、やろうと思えばできそうです。

さらに、CPUがマシン語命令を「実行する」ことは、次のように分解できます。

- **メモリから命令の取り出し(フェッチ)**
- **命令の解釈(デコード)**
- **命令の動作(エグゼキュート)：演算やレジスタの読み出しなど**
- **結果の書き戻し(ライトバック)**

これらをCPUが順に実行する様子も、順序論理回路の動作、つまり状態遷移として理解することができそうです。その気になれば、論理回路ICを組み合わせて作ったり、Verilog HDLで記述することもできそうです。ちなみにこれらの試みをやろうという書籍もいくつかありますし、最近名前を聞くことが多くなったCPUアーキテクチャのRISC-Vだと、最小構成からフルセットに近いものまで、Verilog HDLで記述した例や、それをFPGA上で動作させる例などがあります。

## コンピュータの動作を上から一通り見てきた

こうして、コンピュータの動作を、論理回路という電子回路のレベルまで分解して、その動作の組合せとして理解できそうなめどはたちました。しかしかなり階層が深くて、すべてを通して理解するのは、けっこう大変そうです。実際、大学などのカリキュラムでも、これらを一通り通して学ぶことは時間的に不可能で、どこかの階層の中身は抽象化されたまま、ということも少なくありません。

普段パソコンやスマホを使っていて、「なぜかわからないけど、いろいろやっていたら動いた」とか「再起動したら直った」という現象を経験したことも多いかと思います。また複数のソフトウェアの「相性」という言葉もよく聞きます。本来であれば、コンピュータのソフトウェアは、すべての動作がCPUの一つひとつの命令の実行の積み重ねからインターネットまで、すべての挙動が理解できるはずです。しかし実際問題として、「よくわからないけど動いた／動かない」や「相性」という、なんとなく非科学的な言葉がしっくりくる現象も多いわけです。このあたりに、コンピュータが高度化・複雑化していく過程とその問題を理解するきっかけがありそうです。

# 第3章 ハードウェアから近づいてみる

第２章では、「はじめに」で紹介した「Powers of Ten」の後半のように、コンピュータの階層構造を、上のほうからどんどん降りていって細かい構造を見てきました。コンピュータを使う私たちから見えやすいところ、特にインターネットから、コンピュータの中身へと入り、最終的にはCPUがプログラムを構成する命令を実行するレベルにまで行き着くまで、かなりたくさんの階層構造がありました。

第３章では逆に、コンピュータの構造を、細かい構造から順に上っていく方向で見ていきましょう。

# 3.1 原子から論理回路へ

スタートは、原子からにしましょう。どんな物質も原子から成り立っています。どのような原子がどのように結合して、どのような性質の物質が生まれるかは、化学が扱う分野です。その中で、コンピュータにつながるものとして、半導体について見ていきます。

半導体（英語だとsemiconductor）とは、文字通り「半分、導体」の物質のことです。導体とは電流が流れやすい（電気抵抗が小さい）物質で、その対義語は、電流が流れにくい（電気抵抗が大きい）絶縁体です。すなわち、半導体は、導体と絶縁体の中間くらいの電流の流れやすさ（電気抵抗が中くらい）の物質ということになりますが、どちらかというと、「条件によって導体になったり絶縁体になったりする」という理解のほうが実態に近いと思います。つまりスイッチのように、電流を流したり止めたりを制御できる材料、ということです。

▶ 図 3-1　N型半導体とP型半導体の電子配置と電荷

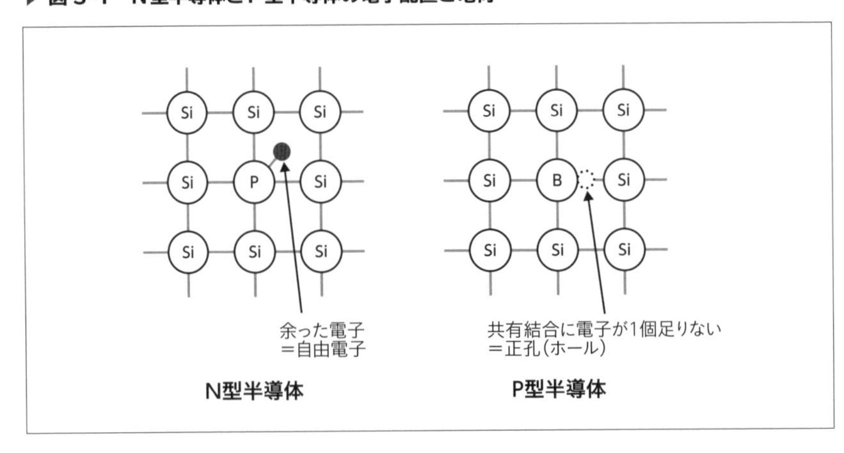

半導体には、流れる電流を担う電荷の種類によって２種類あります。プラスの電荷（を持ったように見える）正孔（ホール）が自由に動いて電流となるＰ型と、金属と同じようにマイナスの電荷を持った電子が自由に動いて電流となるＮ型の２種類です。この２種類をうまく組み合わせることで、電流が流れる具合をいろいろとコントロールすることができます。



## コンピュータの最小単位：トランジスタ

この２種類の半導体材料を、図3-2のように組み合わせた構造を作ってみます。

▶ 図 3-2　MOSトランジスタ

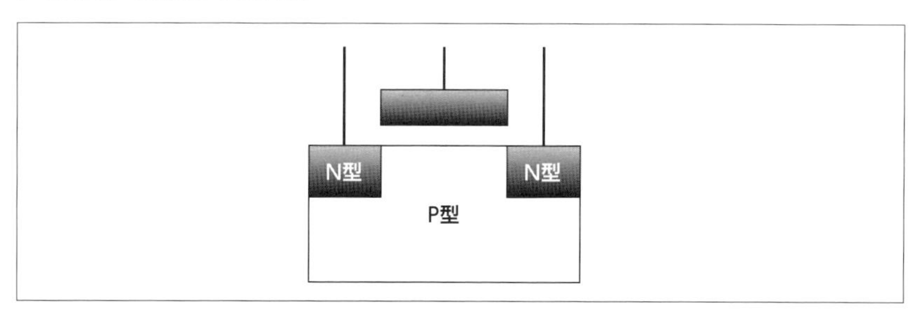


半導体材料のところには、Ｎ型-Ｐ型-Ｎ型という構造があり、このままだと両端に電流は流れません。中央の上に、半導体材料からは離れた電極がありますが、この電極に高い電圧を加えると、下の半導体に静電気力を及ぼすことができ、それにより、この電極のすぐ下の半導体の性質をＰ型からＮ型に変えることができます。そうすると、最初はＮ型-Ｐ型-Ｎ型で電流が流れなかったところが、Ｎ型でつながり、電流が流れるようになります。つまり中央電極に加える電圧によって、両端に電流が流れるかどうかを制御できる、スイッチのような働きをすることになります。

この構造（素子）をMOSトランジスタといいます。MOSは、Metal-Oxide-Semiconductorの頭文字です。中央部分が上から順に、金属（Metal）－絶縁体（Oxide；酸化物の意味）－半導体材料（Semiconductor）の３層構造になっていることからつけられた名称です。

図3-2のような、N型-P型-N型という構造のMOSトランジスタは、正しくはN型MOSトランジスタ（nMOS）と呼びます。この構造のN型とP型を逆にした、P型-N型-P型の構造のMOSトランジスタもあり、こちらはP型MOSトランジスタ（pMOS）と呼びます。pMOSは、nMOSとは逆に、中央の電極に低い電圧を加えるとONになります。

▶ 図3-3　nMOSトランジスタのスイッチとしての働き

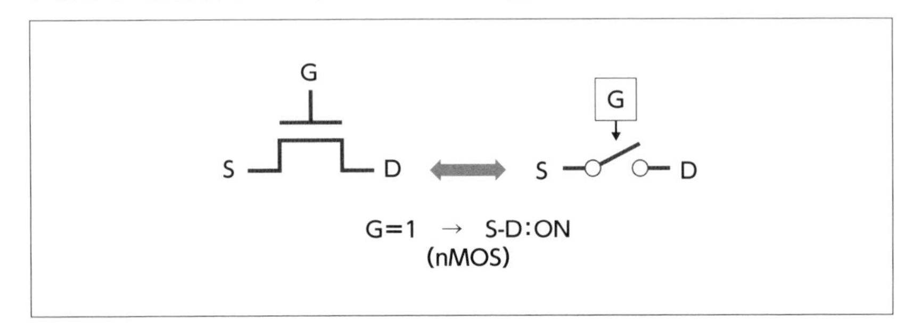


▶ 図3-4　pMOSトランジスタのスイッチとしての働き

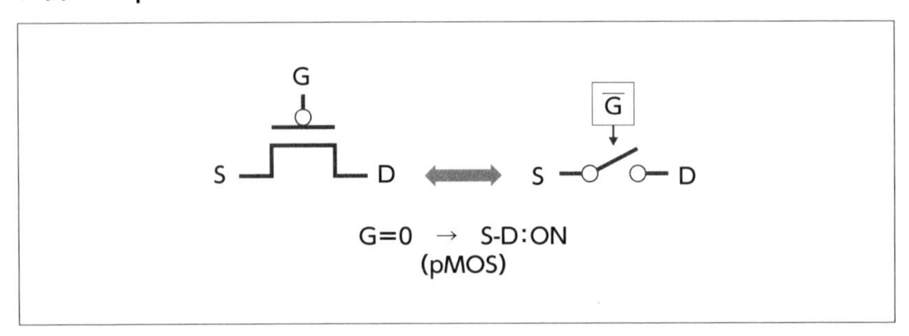


## 便利なCMOS回路

このnMOS、pMOSの２種類のMOSトランジスタをうまく組み合わせると、おもしろい働きをする回路を作ることができます。お互いに反転する性質を利用するため、CMOS（Complementary MOS；相補型MOS）と呼ばれている回路構成です。

▶ 図 3-5 NOTゲート（インバータ）の回路図

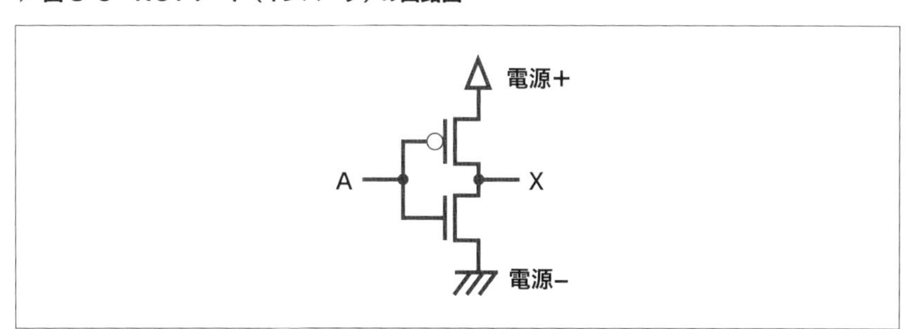


図3-5のようにpMOSとnMOSをつないだ回路を作ると、左側の端子Aに高い電圧を加えると、nMOSのみがONとなり、右側の端子Xは下側、つまり低い電圧になります。逆にAに低い電圧を加えると、pMOSのみがONとなり、Xは高い電圧になります。ここで、低い電圧を“0”、高い電圧を“1”という2つの値に対応させて考えると、この回路では、Aに与える値と、それに応じて出てくるXの値が、図3-6に示す表のようになります。

▶ 図 3-6 インバータの真理値表とNOTゲートの記号

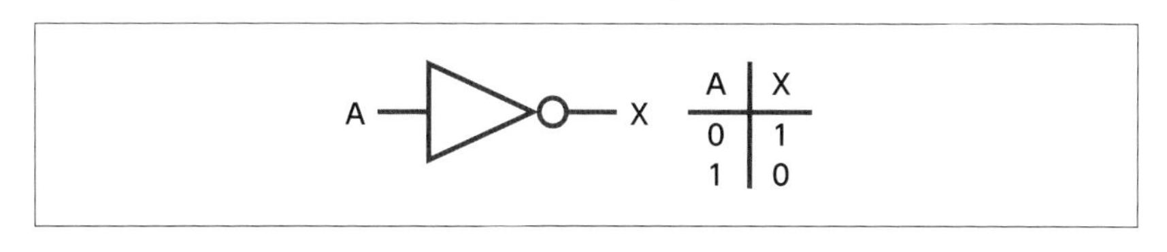


| A | X |
|---|---|
| 0 | 1 |
| 1 | 0 |

つまりこの回路は、入力Aの値（0 or 1）を反転して出力Xとして与える回路、と考えることができます。この回路をNOTゲート[注1]と呼びます。また、入力した値が反転して出力されることから、インバータ（inverter）とも呼ばれます。

注1 入力された値が論理回路を通って出力する様子から、論理回路のことをゲート（門）とも呼びます。半導体においてスイッチの働きをする電極（図3-3や図3-4における「G」）もゲートですので混同しないようにしましょう。

０と１の２つの値で情報を表現するのは、コンピュータでは一般的に行われていて、この回路は、最も単純なコンピュータの構成要素ということができます。０と１の２つの値で表現される情報処理は、ブール代数と呼ばれる数学で表現することができ、それを扱う回路は論理回路と呼ばれています。つまり論理回路はコンピュータの構成要素そのもの、といえます。

▶ **図 3-7　NANDゲート、NORゲートの回路と記号、真理値表**

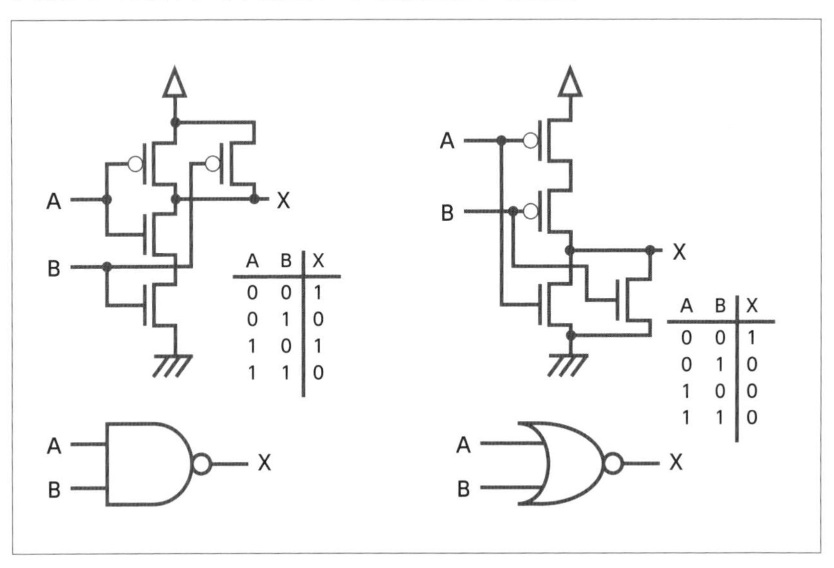


論理回路を構成する要素には、このNOTゲートを基本として、もう少し複雑にしたNANDゲート、NORゲートを作ることもできます。さらにこれらを組み合わせていくと、いろいろな機能の論理回路の要素を作ることができます。興味のある方は、論理回路の教科書をあたっていただくとして、さしあたっては、MOSトランジスタを組み合わせると論理回路ができ、それがコンピュータの構成要素である、というつながりをなんとなく理解していただければ十分です。

# 3.2 集積回路



このようにMOSトランジスタをうまくつなぐと、論理回路という機能を持った素子になるわけですが、その「つなぐ」作業が、実はなかなか面倒なものです。NOTゲートの1個か2個なら手で配線でもいいとしても、最近のコンピュータの素子では1億個以上のMOSトランジスタが使われていて、とても手配線では無理です。

**▶ 図 3-8　手配線による配線のスパゲッティ**

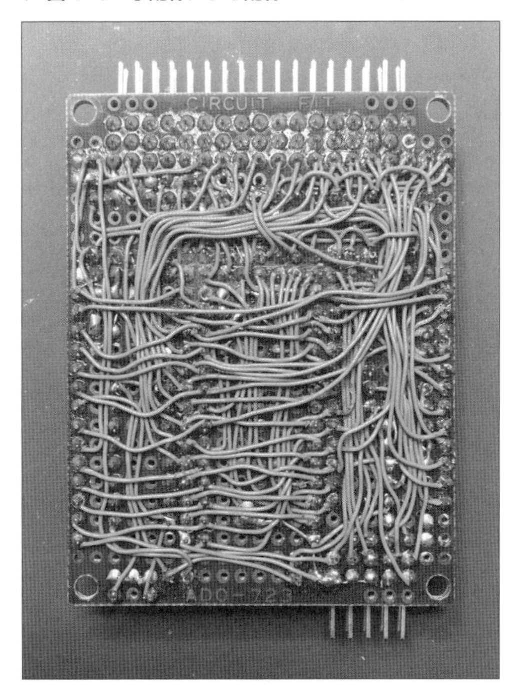


※写真提供：加藤大氏

そこで半導体材料にMOSトランジスタを作るのといっしょに、配線も作ってしまう、という方法が発明されました。回路素子と配線をいっしょに半導体材料の中に作り込んだものを集積回路（IC；Integrated Circuit）と呼びます。

図3-9は、インテルの創業者の一人であるR. Noyceによる、集積回路の特許明細書のものです。現在作られている集積回路も、基本的にはこれと同じです。プレーナ型という、半導体材料（多くはケイ素＝シリコン）の結晶の中にMOSトランジスタを配置し、その表面に積み重ねる形で配線を形成していく方法です。

▶ **図3-9　集積回路の特許明細図**

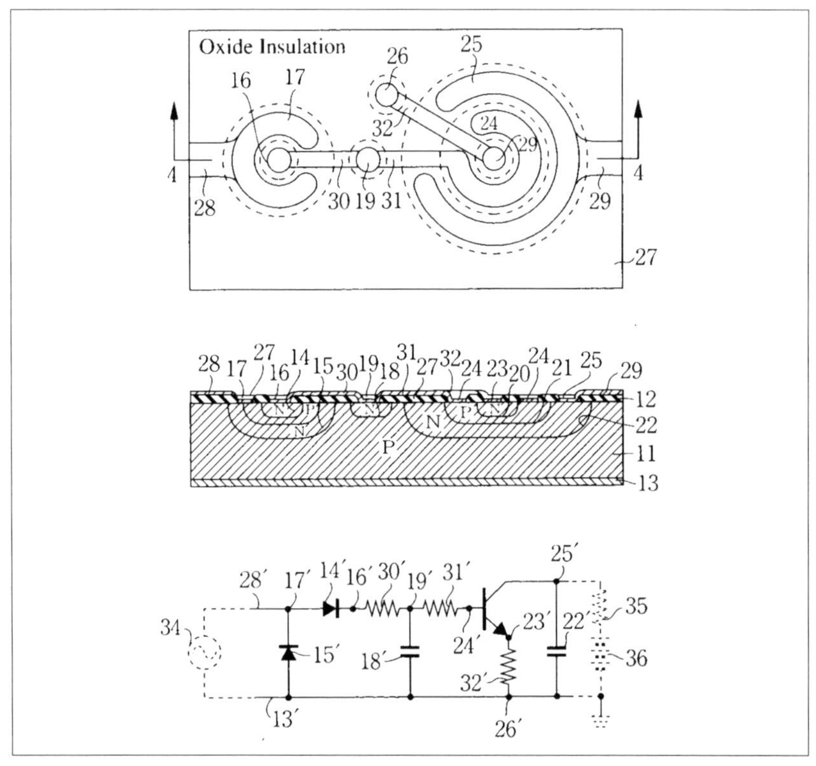


※出典：R. N. Noyce, US Patent No. 2,981,877, "Semiconductor Device Lead-and-Structure", 25 April 1961

素子をつなぐ配線も、素子の製造で使う装置や手順と同じような方法で製造してしまいます。そしてその製造は、フォトリソグラフィと呼ばれる、印刷に似た方式で行われるため、1億個以上のMOSトランジスタとそれらをつなぐ配線を一括して製造することができます。文字を1文字ずつペンで手書きするのは大変ですが、印刷ならば一瞬で済むのと同じように、このフォトリソグラフィは、大規模な電子回路を安く早く確実に製造する切り札といえます。

# 3.3 論理回路から演算回路へ

さて、この論理回路がコンピュータの構成要素といっても、実際にどのようにコンピュータとして機能していくのでしょうか。

そこでまず、コンピュータという言葉についてあらためて考えてみましょう。英語ではcomputerと書きますが、これはcompute（計算する）という動詞の名詞形です。つまりコンピュータは「計算するもの（計算機）」というわけです。

では「計算」とは何でしょう？ 実はすべての計算は、四則演算で表現することができます。sin(x)のような関数の値を求めることも、テイラー展開という数学手法を使うと、四則演算の組み合わせで、近似的に求めることができるようになります。

四則演算とは加減乗除、つまり足し算、引き算、掛け算、割り算、ですが、まず掛け算は足し算の繰り返しですね。同様に割り算は引き算の繰り返しです。また引き算は負の数の足し算、と言い換えることができます。つまり四則演算は、最終的には足し算（加算）の組み合わせ、と考えることができます。

このように考えていくと、「加算を行う回路」はコンピュータの最も基本的な回路、ということができそうです。

さらに加算は、筆算の要領で一桁の加算を繰り返せば何桁でも加算ができます。つまり「一桁の加算」こそが、コンピュータの究極の構成要素、ということができます。コンピュータの中では、すべての情報は０と１の２つの値（２進数）で表現されますから、「１桁の２進数の加算」の回路が、本当の意味でのコンピュータの究極の構成要素、ということになります。

▶ **図 3-10　1 桁の 2 進数の加算器と真理値表**

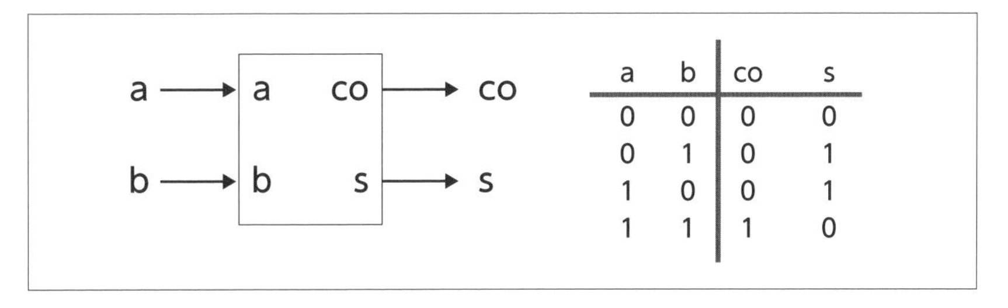


| a | b | co | s |
|---|---|---|---|
| 0 | 0 | 0 | 0 |
| 0 | 1 | 0 | 1 |
| 1 | 0 | 0 | 1 |
| 1 | 1 | 1 | 0 |

一桁の 2 進数の加算は、図 3-10 のように 4 種類しかありません。そこで加算数と被加算数という 2 つの入力の値の組み合わせ 4 通りに対して、得られる加算結果の対応関係を「覚えている」回路があれば、それは 1 桁の加算器、ということができます。要は計算するといっても、対応関係を覚えているだけなのですが、それでも結果だけ見れば立派な「計算をする回路」です。

▶ **図 3-11　1 桁の 2 進数の加算器の回路図の例**

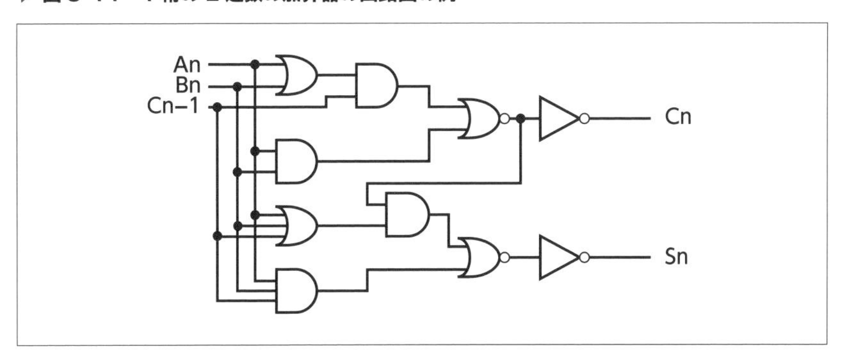


1 桁の 2 進数の加算器を論理回路としてどのように作るかは、いくつかの方法があります。図 3-11 に示したものはその一例ですが、このように論理ゲートを組わせると、1 桁の加算器として働く回路となります。それぞれの論理ゲートの中身はMOSトランジスタですから、こうして、MOSトランジスタを組み合わせて加算器を作ることができました。

# 3.4 演算回路からCPUへ

コンピュータの究極の構成要素が加算回路といっても、その加算を、プログラムに沿って適切に行ってこそ、はじめてコンピュータとして働くことになります。

▶ 図3-12　コンピュータのアーキテクチャの例

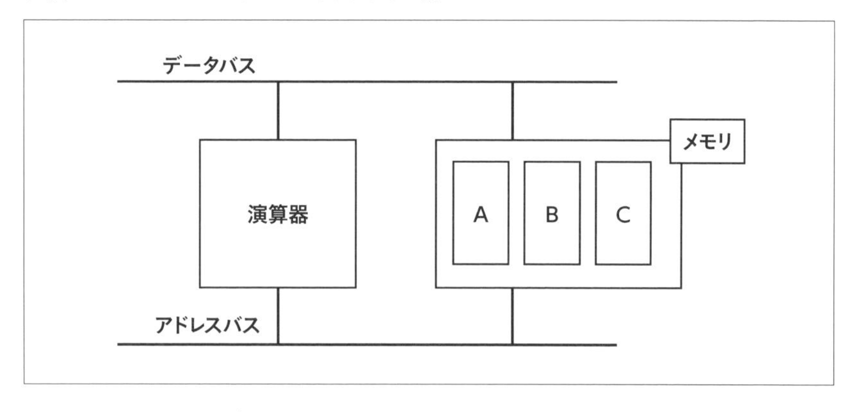


このように、演算をプログラムに沿って行うための回路の作り方はいくつかありますが、例えば図3-12のように、演算回路と演算結果を保持しておくメモリをつないだ構成を考えます。当然ですが、これらの構成要素はすべて論理回路です。この中で、どこからどこへ値を渡したり、演算結果を保持したりするかを、プログラムを構成する「命令」にあわせて制御する回路を用意しましょう。

▶ **図 3-13　命令の実行時のデータの流れの例**

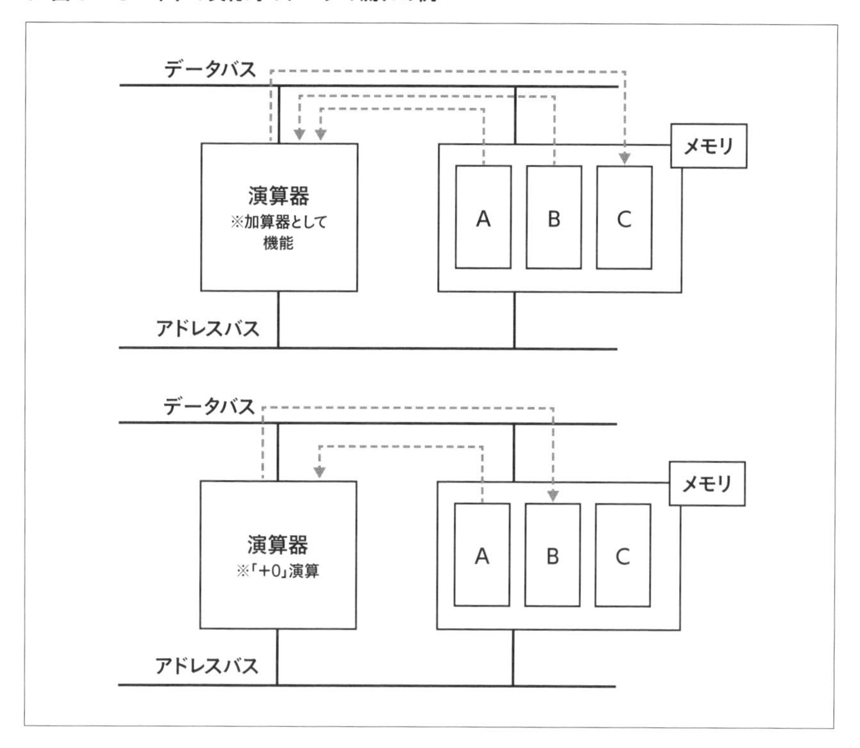


3

例えば、メモリ(レジスタとも呼ぶ)Aが記憶している値と、メモリBが記憶している値を加算し、その結果をメモリCに代入するには、図3-13(上)のように演算器の機能を設定してデータの流れを作ればよいことになります。つまり、この処理(命令の実行)を行うところには、論理回路の機能を切り替えて、途中のデータの分岐点を切り替え、このようなデータの流れができるようにすればよいわけです。

同じ構成でも、例えば図3-13(下)のように演算器の機能を設定してデータの流れを作れば、メモリAの値をメモリBに代入することができます。

このような、順々に制御をしていく論理回路のことを「順序回路」と呼びます。つまりコンピュータは、しょせんは順序回路という論理回路でしかない、ということです。

## コンピュータのプログラム＝命令の並び

プログラムを構成する命令も、最終的には０と１の組み合わせ（いわゆるマシン語）で表現されます。つまり、命令を表す0/1の値に応じて、どこをどうつなぐかを制御する回路があれば、命令を「実行する」、つまりプログラムを実行するコンピュータとして働くことになります。

▶ **図3-14　マシン語を組み合わせたプログラムの例**

```
00000: 00200b7   lui  x1,0x2
00004: 70f08093  addi x1,x1,1807
00008: 500001b7  lui  x3,0x50000
0000c: 00006213  li   x4,1
00010: 0041a023  sw   x4,0(x3)
00014: 00000113  mv   x2,x0
00018: 00010113  addi x2,x2,1
0001c: fe20fee3  bgeu x1,x2,00018
00020: 0001a023  sw   x0,0(x3)
00024: 00000113  mv   x2,x0
00028: 00010113  addi x2,x2,1
0002c: fe20fee3  bgeu x1,x2,00028
00030: fe1ff06f  j  00010
```

どのようなプログラムでも、コンピュータが実行するときには、最終的に、加算器やメモリをどのようにつなぐか、を指定する命令に分解できます。つまりプログラムは、命令の組み合わせ（並び）といえます。普段、私たちはC言語やPythonのような、人間にわかりやすいプログラミング言語でプログラムを書きますが、これがコンパイラやインタープリタと呼ばれるプログラムを通して、最終的には「命令」に翻訳されて、それを順に実行している、というのが、コンピュータがプログラムを実行している物理的な姿であるわけです。

プログラム、つまり命令の並びは、記憶装置（メモリ）に記憶されています。そのメモリの中で、いま実行している命令が入っている場所（アドレス）は、プログラムカウンタ（PC）と呼ばれる変数（といっても実体は論理回路）で表されます。

通常はプログラムの実行にしたがって、順番に命令を1つずつメモリから読み出し、それにあわせて全体を「制御」、つまり実行していくわけです。つまり通常はプログラムカウンタは、1ずつ増えていきます。その代わりに「別の値を代入」すれば、プログラムの実行を別の場所に移すことができます。これは、まさにプログラムの基本構造の一つである分岐(ジャンプ)です。この「別の値を代入」は、変数の代入先をプログラムカウンタに変更するだけですから、「命令」による制御の一種といえます。



このように、分岐も含めて、コンピュータがプログラムを実行する動作は、論理回路で実現されることがわかります。このような順序回路を多数集積して、コンピュータがプログラムを実行する際の中心的な役割を担っているのが、俗にCPU(Central Processing Unit。中央演算装置)と呼ばれるものです。

この仕組みは、最新の高性能プロセッサやスーパーコンピュータでも、基本的には同じです。高速化のためにさまざまなテクニックは駆使されていますが、基本は順序回路という論理回路です。

## メモリも論理回路の集合体

ちなみに命令やデータを記憶しておくメモリも、論理回路として作られています。最も基本的なものは、2個のNOTゲート(インバータ)を、片方の入力がもう片方の出力につながるようにループ状に接続したものです(インバータペア)。

▶ 図3-15　SRAMの基本回路(インバータペア)

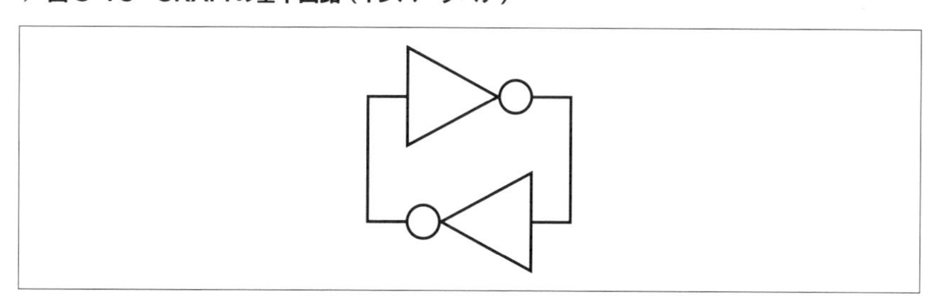

この回路は、ちょっと考えていただくとわかるように、2つのNOTゲートの出力がそれぞれ(0, 1)の状態と(1, 0)の状態の2つがありえて、しかもその両方が論理機能として矛盾がありません。つまり、安定して存在できる状態(static)である、言い換えると状態を記憶できているわけです。この2つの状態を、2進数の0と1と考えれば、1ビットの情報を記憶できる素子、つまりメモリということになります。この原理を応用したメモリがSRAM(Static RAM)です。実際には値の読み書きのための回路が追加で必要[注2]ですが、動作原理は意外と単純なんですね。

ちなみに大容量のメモリには、さらに単純な回路としてコンデンサに電荷が充電されている(1)か、充電されていないか(0)の2つの状態で情報を記憶するメモリ回路もよく使われます。この種類のメモリはコンデンサの電荷が一定時間で放電してしまったり、値を読み出すと0にリセットされてしまうなど、状態が動的(dynamic)に変化する様子からDRAM(Dynamic RAM)と呼ばれます。

**▶図3-16　DRAMの基本回路**

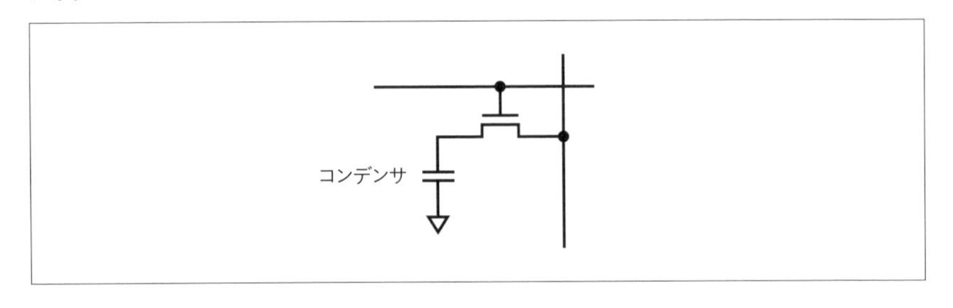


注2　一般的なSRAMでは、1ビットの情報を格納するために6つのトランジスタを使用しています。

## 3.5 CPUから実用的なコンピュータへ

CPUという論理回路がプログラム、つまり命令を実行する様子まで、コンピュータの動作を理解することができました。もちろん実用的なコンピュータとしては、単に命令を実行するだけでなく、さらに高度な仕組みがあるのは第2章で見てきたとおりです。しかし、少なくとも理屈の上では、原子から半導体、トランジスタ、論理回路、CPU、コンピュータ、そしてさらに上位の概念へと、地続きでつながっていることが、なんとなく見えてきました。

もっとも、理屈の上ではつながっていますが、それぞれの段階には、膨大な理論体系、知識体系があります。例えば論理回路の電子回路としての実現方法をとっても、古くはTTLのようなロジックICから、FPGA、フルカスタムLSIなどさまざまな形態があり、その設計方法にも、ブール代数からハードウェア記述言語(HDL)、さらに近年ではソフトウェア・ハードウェア協調設計といった設計手法が導入されるなど、一冊の本では書ききれないほどの内容があります。半導体材料の仕組みも同様ですし、コンパイラ、ミドルウェア、インターネットの構造なども同様です。

コンピュータを理解する学問体系・知識体系が、一通りつながっていることを頭では理解できたとしても、それらはあまりにも幅広い分野にまたがっていて、しかも微視的な視点から巨視的な視点までスケールが広く、また分量も膨大です。これが、どうしても勉強や実務の画面で、ソフトウェアとハードウェアを分けて扱わざるを得ず、実際に電子回路、論理回路、コンパイラ、ミドルウェアなどとさらに細かく分けて扱わざるを得ない理由です。

理屈の上ではつながっていつつも、1人の人間が全体を通して理解することが難しいというかほとんど不可能なコンピュータ……、でもそこまで複雑で高度になったからこそ、実現されている私たちの日々の便利な暮らし。これらのバランスをうまくとりながら、私たちはこれからもコンピュータと付き合っていくことになります。

COLUMN

## 「相性」の正体

コンピュータを使っていると、「相性」という言葉を耳にすることがあります。例えばパソコンにメモリモジュールを増設する際に、動作するものと動作しないものがあったり、動作するもののたまに不具合が発生するもの、など、相性のレベルもまちまちです。USBメモリでも、たまになかなかパソコンに認識されないものがあったりします。

このような現象を、なんとなく「相性」という言葉で理解しているのですが、論理回路のかたまりであるコンピュータは、すべて決定論が支配する体系ですから、本来は「相性」というような、人間くさい現象とは無縁のはずです。しかし、実際にコンピュータを使っていると、「相性」という言葉で理解したくなる現象によくであるのも事実です。

▶ **図 3-17　フリップフロップの動作マージン**

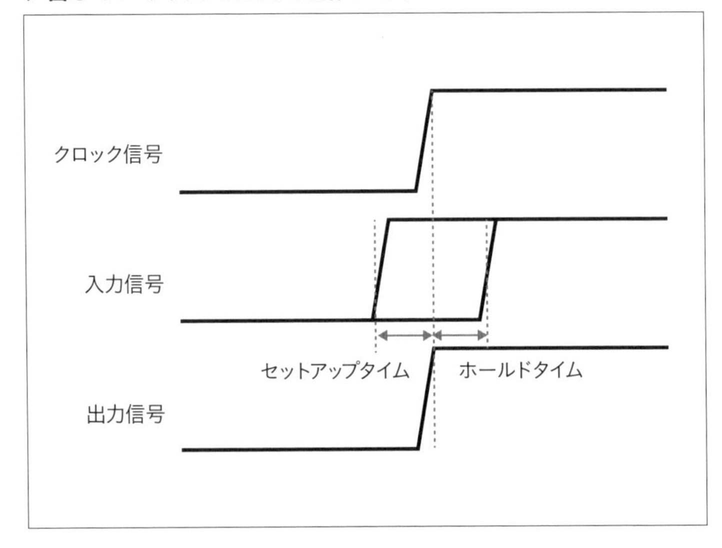

この「相性」の正体は、いろいろありそうですが、ひとつの可能性は「マージン」だと思います。例えば順序回路の中で使われる記憶装置の一種であるフリップフロップは、クロック信号にあわせて「動作」します。この「動作」の一つが、入力されている信号を、クロック信号が0から1に変化するタイミングで取り込んで出力する、というものです。この「取り込む」タイミングは一瞬ですが、実際には、このタイミングより少し前から、取り込む信号は変化せずに安定して「準備」をしてもらう必要があります。

この必要な準備期間を「セットアップタイム」と呼びます。逆に取り込んだあとも、その取り込んだ動作が安定するまでの少しの間、入力の信号は変化せずに待っていてもらう必要があります。この期間を「ホールドタイム」と呼びます。

この2つのタイムは、回路設計のときには仕様として定めますが、実際に製造してみると、さまざまな要因で「バラツキ」が生じます。つまりセットアップやホールドに必要な期間が短くてもOKなものもあれば、長くしないと誤動作するものもあるわけです。

これらはいわば待ち時間ですから、コンピュータを高速に動作させるためには、なるべく短くしたいわけです。このときにぎりぎりを攻めていると、たまたま運悪く動作の鈍い回路と組み合わさった場合に、セットアップタイムやホールドタイムが足りずに出力の値が正しい値になったりならなかったりする、という場合が出てくるわけです。

このあたりが、「相性」の正体の一つなのかな、と個人的には思います。

# 第4章

# 揚げて炙って中身を覗く

コンピュータの中身について、ここまで原子や半導体のレベルまで話をしましたが、その実体を見る機会はなかなかありません。そこで第４章では、身近な道具で、コンピュータを「揚げて」「炙る」ことで、半導体チップを覗いてみましょう。

## 4.1 コンピュータの中身を覗く

ここまで、コンピュータの中身について、ソフトウェア方面とハードウェア方面の双方から、段階を追って見てきました。一応、原子レベルからコンピュータネットワーク、クラウドまでつながっていることは確認できました。

とはいえ、コンピュータが、今ではパソコンやスマホに限らず、家電からゲーム機、おもちゃまで、電気で動くほぼあらゆる機器の中に入っているものの、私たちは普段の生活の中で、その「中身」を意識することはほとんどありませんし、目にすることもほとんどありません。そこで第4章と第5章では、実際に「コンピュータの中身」を覗いてみることで、一連のコンピュータの構造の連続性を、より深く理解してみましょう。

まずは身近なところで、分解してもOKな電子機器を探してください。分解すると基本的に保証の対象外になりますし、万一失敗して元通りに戻せなかったり、戻したつもりでも動作しなくなったりする場合もありえます[注1]。近所にリサイクルショップがあれば、「ジャンク品」という動作保証なしの機器が安く売られているところもあるので、そういうところから買ってくるのがオススメです。

最近の電子機器は、昔と違って分解がやりにくいものもあるのですが、基本的にはネジを外してケースをバラしていけば、電子機器の本体である電子基板を取り出せます。ゴム足などにネジが隠れている場合もあるので、どうしてもケースをバラせない場合は、そういう隠れたネジを探してみましょう。また、ケースの部品どうしがツメではまっている場合もありますので、そういう場合はマイナスドライバーなどでツメを外すとバラせるものもあります。

ケースを開けると、中から基板やケーブル類が現れることでしょう。

注1　特に、この章の4.2節以降で紹介する「揚げて炙る」というやり方では、100%動作しなくなります。

▶ 図 4-1　著者が入手したジャンク品（の一部）

▶ 図 4-2　電子基板が現れた

電子基板は、どれでもだいたいこんな感じのものです。プリント基板(PCB; Printed Circuit Board)と呼ばれる硬い板に、たくさんの電子部品が載っています。この電子部品の載せ方には、大きく分けて挿入実装部品と表面実装部品があります。

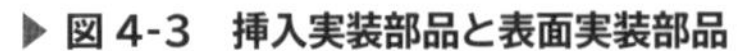

▶ 図 4-3　挿入実装部品と表面実装部品

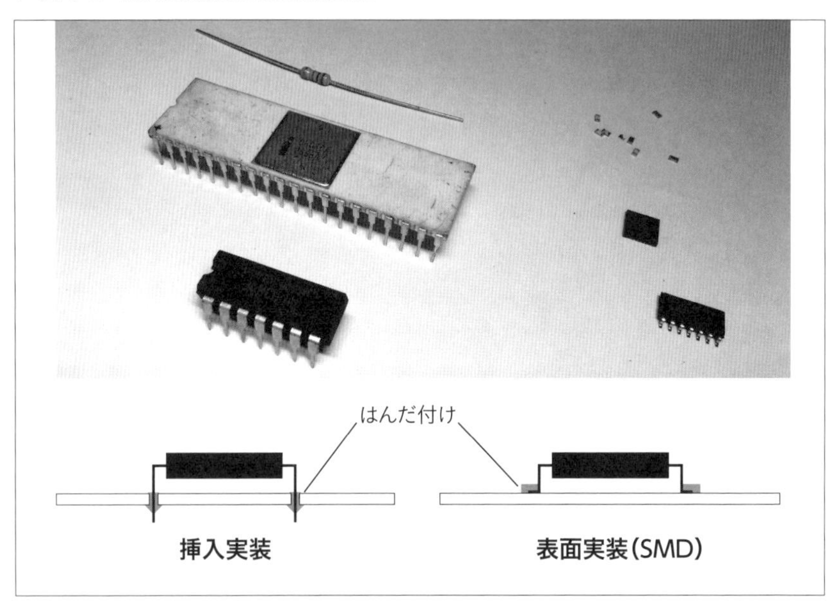


以前は、挿入実装部品という、部品に金属の端子の足があって、それがプリント基板の穴に差し込まれて、裏面ではんだ付けされているものが多数を占めましたが、最近は表面実装部品(SMD;Surface Mount Device)という、プリント基板の表面に部品が取り付けられているものが多いです。表面実装部品のほうが工場での製造が効率よく行え、また部品自体も小さくて電子機器の小型軽量化に適しているからです。

▶ **図 4-4　半導体チップ=集積回路**

プリント基板上の、黒くて四角い部品は、ほとんどがいわゆる半導体チップ、集積回路です。そのまわりにある 1mm くらいの小さい直方体の部品は、抵抗やコンデンサです。小さいものだと大きさが 0.2mm くらいしかないものもあります。

▶ **図 4-5　コネクタ**

これはプリント基板と他のパーツをつなぐコネクタです。分解する際はこれらも外していきます。

# 4.2 基板の美味しい揚げ方

このように電子機器を分解してみると、中にプリント基板があって、そこに集積回路をはじめとする多数の電子部品が載っていて、電子回路を形成していることがわかりました。ここからは、コンピュータを分解して理解する作業を、もう一段階進めてみましょう。

プリント基板に載っている電子部品を外して、より詳しく見てみたいわけですが、プリント基板にしっかりはんだ付けされていて、簡単には外れません。部品を外すための専用の工具もあるのですが、これらはどこのご家庭にでもあるようなものではありません。

ところが「どこのご家庭にでもある」道具を使って、電子部品をプリント基板から取り外す方法があります。それは「基板を揚げる」のです[注2]。

電子部品はプリント基板にはんだ付けされています。はんだ付けとは、融点が比較的低い金属（鉛とスズの合金や、それにかわる「鉛フリーはんだ」と呼ばれる合金など）で、電子部品の端子の金属と、プリント基板の配線パターン（ふつうは銅）とを接合する方法です。

融点が比較的低いといっても200度前後まで加熱しないとはんだは融けません。中学校の技術家庭科の授業や電子工作で、はんだ付けをしたことがある方も多いかと思いますが、普通は、はんだごて、というヒーターで加熱してはんだを融かし、電子部品とプリント基板を接合します。

注２　なお、ジャンク屋などで単体の電子部品を入手された方は基板を揚げる必要はありません。次の4.3節に進んで、炙ってください。

▶ **図 4-6　はんだ付けとはんだごて**

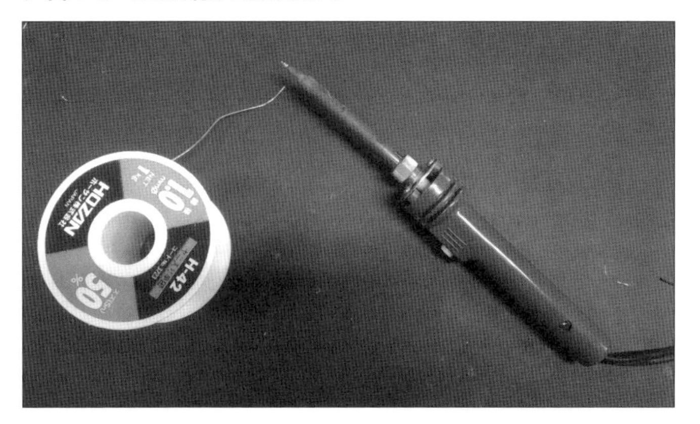




しかし、今回のように部品をプリント基板から外したい場合には、プリント基板に接合されている部品の足のはんだを同時に融かさないと、部品を外すことができません。部品を壊してしまえば外せますが、それでは部品を詳しく調べられないので残念です。

そこで、基板を油で揚げます。天ぷらを揚げるときの温度は 160 度から 190 度が適温だそうです。はんだが融ける温度が 200 度前後ですから、天ぷらを揚げる温度と同じくらいです。つまり天ぷらを揚げるときの要領で天ぷら油を熱し、そこに電子部品が載ったプリント基板を入れれば、はんだが融けて部品が外れる、ことになります。

なお、はんだには人体に有毒な成分も入っていますから、基板を揚げる天ぷら油や鍋などの道具は、食べる天ぷらを揚げるための油や道具とは別のものを使いましょう。また、基本的に取り外した部品は錆びたりして動作しなくなる場合がほとんどなので、再利用するのはあまり期待しないほうがいいです。

## 基板を揚げてみよう

基板を揚げるために用意するものは、次に挙げるとおりです。温度計以外は 100 均でも揃えられそうです。

- 天ぷら油
- 天ぷら鍋（または相当の鍋）
- トングや菜箸（基板をつまむため）
- 天ぷら用温度計（あったほうがよい）
- 紙コップ
- 中性洗剤（食器を洗うための洗剤）
- ザル（洗った部品をすくうのにあると便利）

▶ 図 4-7　用意するもの

天ぷら油は温度が 380 度を超えるといつ自然発火してもおかしくない状況になります。加熱しすぎるのは非常に危険です。天ぷらを揚げるときもそうですね。できれば天ぷら用の温度計を使って、油の温度をチェックしながら作業するとよいでしょう。

**以下の作業は、くれぐれも火災や火傷に注意しながら行ってください。**

まず鍋に基板と油を入れます。油の量は基板が軽く沈むくらいで十分です。

**▶ 図 4-8　鍋に基板と油を入れる**

温度計で油の温度を測りながら加熱します。油の量が少ないとすぐに温度が上昇しますから、温度は常にチェックします（この写真では、用意したものとは別の、温度計機能つきテスターを使っています）。

**▶ 図 4-9　温度を測りながら加熱する**

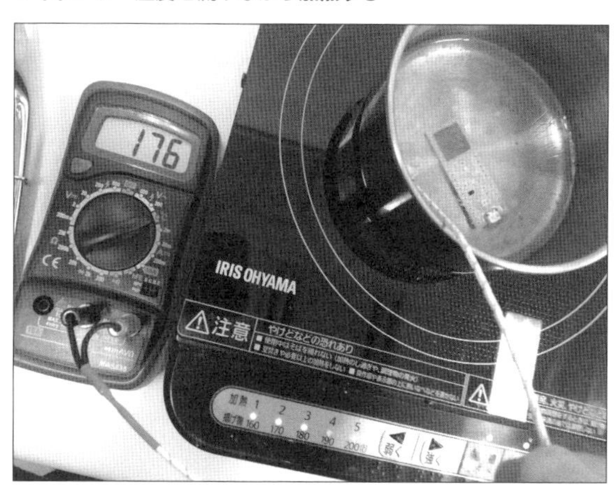

温度計で温度を確認しながら、油の温度が200度を超えたら加熱を止めます(230度くらいになったら止めるのが確実でしょう)。ちなみに200度くらいから煙が少し出てきます。

▶ 図4-10　温度が200度を超えたら加熱を止める

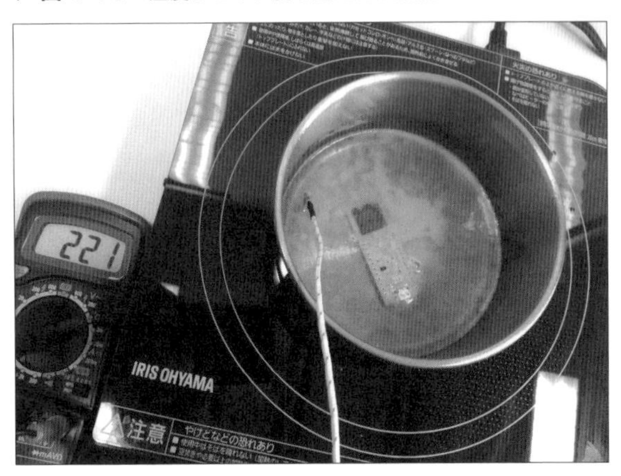


この温度になると、プリント基板上の電子部品をトングや菜箸でつつくと、基板から外れるはずです。全部の部品を外してもいいですし、お目当ての部品だけでも構いません。

▶ 図4-11　部品を外す

▶ **図 4-12　外した部品を取り出して冷ます**

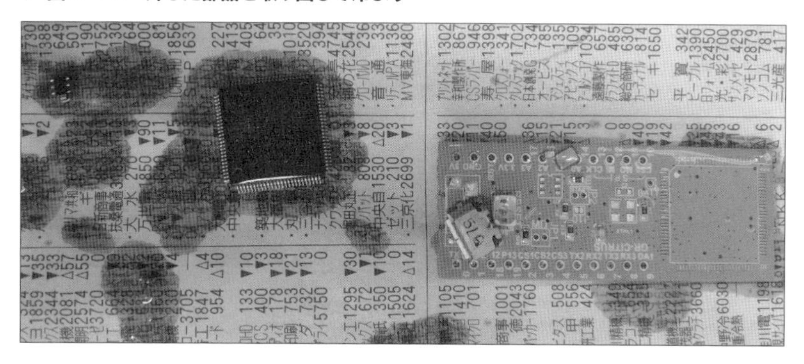




紙コップに少し水を入れ、そこに中性洗剤を少し垂らします。油が十分に冷めてから、外した部品を紙コップの水の中に入れ、コップをゆすってしばらく置きます。これで部品についている油がだいぶ取れます。これを油が取れるまで何度かくり返します。

▶ **図 4-13　紙コップに中性洗剤を少量垂らし、油を取る**

その後、洗った部品を新聞紙などの上に置いて乾燥させます。なお使用済みの油は、普通の天ぷら油と同じように廃棄や保存をしてください[注3]。

▶ **図4-14　部品を乾かす**

これで、電子機器をバラして、電子部品を取り出すことができました。続けて、さらにもう一歩進んで、電子部品、特に半導体チップ（集積回路）の中身を覗いてみましょう。もちろん、「どこのご家庭にもある方法」でいきます。

注3　くれぐれも食用に利用するものとは分けて管理してください。

## 4.3 炙って見つける半導体

集積回路はコンピュータのまさに心臓部の部品ですが、さきほど取り出した電子部品としての集積回路は、だいたいは黒いプラスチックの部品です。そこから信号を取り出すための端子は出ていますが、半導体チップそのものは見当たりません。

肝心の半導体チップは、このプラスチックの中に埋まって入っています。このプラスチックがかなり硬いので、削ってもなかなかチップが見えませんし、壊さずに取り出すのは、なかなか難しいです。

といっても世の中には、中の半導体チップが見えている集積回路部品もいくつかあります。例えば昔のコンピュータでよく使われていた、UV-EPROMと呼ばれるメモリ部品です。これは、紫外線を当てて記憶内容を消去できるもので、その紫外線を当てるためにパッケージにガラスの窓がついていて、中の半導体チップがばっちり見えました。ちなみに窓以外の部分は、プラスチックだと紫外線で劣化してしまうのでセラミックが使われます。

また俗に「NeoPixel」と呼ばれるフルカラーLEDは、中にRGB3色のLEDと、その明るさを制御する回路の半導体チップが入っていて、LEDの光が外に出られるように透明な窓のついたパッケージに入っています。ちなみにこのNeoPixelは、秋葉原の電子部品屋でも売っていますので、これを買えばお手軽に半導体チップを「見る」(「拝む」と言ってもいいかもしれない)ことができます。

▶ 図 4-15　チップが見える集積回路（NeoPixel（左）とUV-EPROM（右））

このように透明な窓がついていれば半導体チップを見るのも簡単なのですが、残念ながら多くの集積回路部品には窓がついていません。プロが分析などの目的[注4]で中身を覗く場合は、加熱した濃硫酸や発煙硝酸の中でプラスチックを融かしたり、その前処理としてチップ上のプラスチックをドリルで削ったりします。それらの作業を行う専門の業者もあるのですが、個人でちょっとお手軽に試すわけにはいきません。

そこで、「どこのご家庭にもある」道具を使って、このプラスチックを炙って炭化させて崩し、中の半導体チップを取り出してみましょう。

注４　競合製品をリバースエンジニアリングする場合もあります。

## チップを炙ってみよう

用意するものは以下のものです。バーナー以外は100均でも揃えられます。

- バーベキュー用バーナー
- ピンセット
- 鉄製の皿（あるとよい）



▶ 図4-16　炙りに用意するもの

それでは早速、チップを取り出していきます。

**くれぐれも火災や火傷には注意してください。**

まずチップを取り出したい部品を、鉄製の皿に置きます。周りに燃えやすいものがないことを確認し、バーナーに着火し、チップを炙ります。1分くらいで十分のはずです。

最初は表面に残っている油などが燃えて炎が出ることもありますが、見た目はそれほど大きな変化はありません[注5]。

注5　昔の集積回路部品だと、真っ白になって文字通り「灰になる」ものもあるようです。

▶ **図 4-17　炙る**

炙ったあとで十分に温度が下がったら、ピンセットを使って周りのプラスチックを崩していきます。さきほど炙ったことでプラスチックが炭化してもろくなっていて、少しずつ削るような感じでつつくと、徐々にプラスチックのパッケージが崩れていきます。

▶ **図 4-18　崩す**

あまり一気に崩してしまうと、中のチップが割れたりいっしょに崩れてしまうので、少しずつ崩していきましょう。次第に、キラキラひかる、中の半導体チップが見えてきます。プラスチックがなかなか崩れない場合は、「炙り」が足りないようなので、再度もう少し長めに炙るとよいでしょう。

▶ **図 4-19 リードフレーム**

半導体チップは、だいたいはリードフレームという、端子を兼ねる金属製の板に載っています。リードフレームやそれにつながっている端子(足)は気にせずに崩していくと、半導体チップが外れて残るはずです。

▶図4-20　出てきたチップ

ちなみに最近のスマホのような新しめの集積回路では、中の半導体チップがかなり薄く、割れやすいので、慎重に作業しましょう。必要ならば筆やハケなどで残ったプラスチックを払うとよいでしょう。チップが割れたり傷ついてしまったら、残念ですがあきらめるか、炙るところからやりなおしです。

こうして取り出した半導体チップは、光を当てる角度によって色が変わって、なかなかきれいです。これは集積回路の表面の配線パターンのサイズが光の波長程度のため、光の干渉によって起こる現象です[注6]。このままレジンで固めてキーホルダーにするのもいいですね。私はよく台紙に載せてラミネーターで封入して保存しています。

注6　構造色といいます。

# 第5章 取り出したチップを解析してみる

この章では、私が炙って取り出した実際の半導体チップを、顕微鏡で観察しながら分析した例について紹介します。ここまでの「どこのご家庭にもある道具(さすがに顕微鏡は必要ですが)」を使った作業でも、ただ観察してきれいだなと眺める以上に、いろいろとわかることもあります。

# 5.1 半導体の進化を解析してみる

せっかく半導体チップを直接見ることができるようになったので、顕微鏡がある方は顕微鏡で覗いてみましょう。最新の半導体チップでは、配線パターンが光の波長よりもだいぶ細かいので、顕微鏡ではほとんど何も見えないのですが、ちょっと古めの電子機器に入っているものや、安価なおもちゃなどに入っているものは、光の波長程度の配線サイズのものが多いので、顕微鏡でも表面の配線パターンを見ることができます。ここでは観察をする際にどのようなポイントがあるのかを、筆者が観察したMicrochip社のATmega328Pを例に紹介していきます。

第1章で触れたように、半導体の進化の歴史はムーアの法則に支えられてきて、それはコンピュータの歴史と表裏一体でした。その進化の一つの面が、コンピュータがとても小さく安くなった、「マイコン」の誕生でした。そんなマイコンの中に、Microchip社のATmega328Pというマイコンがあります。以前はAtmelという会社の製品でしたが、Atmel社が、PICマイコンで有名なMicrochip社に買収されてからは、Microchipの製品ということになっています。これは、電子工作のあり方を大きく変えたマイコンボードArduinoシリーズの初期の製品であるArduino UNO（とその互換機、派生機）で幅広く使われているマイコンです。

ある日、このATmega328Pの派生品に、ATmega328PBというものがあることを知人から教えてもらいました。一瞬同じものかと思ってしまいましたが、よく見ると、型番の最後に「B」がついています。電子部品の型番では、型番の最後のほうの文字はバリエーションを表すことが多いので、これぐらいのちょっとした違いは、ちょっとしたマイナーバージョンアップとか、動作クロック周波数が少し速いとか、パッケージが違う、といった程度の違いなのかと思っていました。しかしその知人によると「だいぶ違うよ」とのことでしたので調べてみたら、たしかにぜんぜん違っていました。

### データシートから考察する

データシートなどから、ATmega328Pと比べたATmega328PBの特徴を簡単にまとめると、以下のとおりです。

- **ATmega328Pの完全上位互換（つまりATmega328P用のプログラムはそのまま動く）**
- **通信インタフェースが増えている（UARTやSPIが1個から2個に増量）**
- **ATmega328Pより安価**



簡単に言うと、ATmega328PBのほうが、安くて高性能ということです。本当にそんなことがあるのか、と電子部品通販サイトのDigiKey[注1]で販売価格を調べてみたところ、以下のようでした。

**▶ 図5-1　DigiKeyでのATmega328PとATmega328PBの価格（2020/06/22時点）**

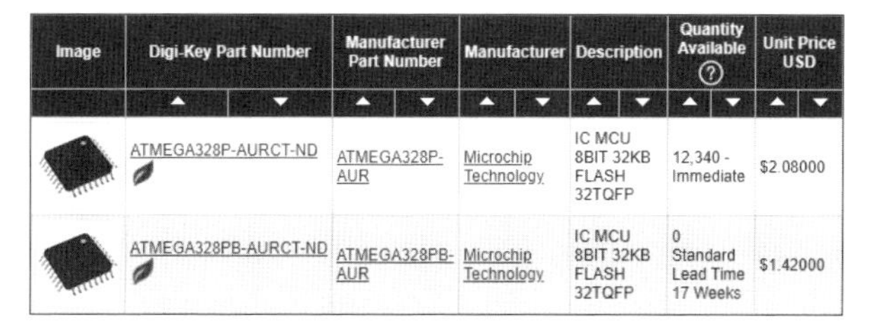

| Image | Digi-Key Part Number | Manufacturer Part Number | Manufacturer | Description | Quantity Available | Unit Price USD |
|---|---|---|---|---|---|---|
| | ATMEGA328P-AURCT-ND | ATMEGA328P-AUR | Microchip Technology | IC MCU 8BIT 32KB FLASH 32TQFP | 12,340 - Immediate | $2.08000 |
| | ATMEGA328PB-AURCT-ND | ATMEGA328PB-AUR | Microchip Technology | IC MCU 8BIT 32KB FLASH 32TQFP | 0 Standard Lead Time 17 Weeks | $1.42000 |

たしかにATmega328PBは、ATmega328Pの2/3程度の値段で販売されています。古い製品が安く売られるのはよくあるのですが、これは、高性能な新製品のほうが安価ということです。それなら今後はATmega328Pを使わず、ATmega328PBだけ使えばいいのでは、という気もしてきます。マイコンをよく使う方なら、例えばシリアル通信のUARTが2個あるとデ

注1　https://www.digikey.jp/

バッグに便利そうだな、ということがわかると思います。

このように、高機能なのに安価、という現象は、実は半導体やその上に成り立つ情報産業ではよくある現象です。しかし、他の産業ではほとんど見られない現象です。例えば自動車では、新モデルのほうが高性能（例えば燃費がいい）ということはあるでしょうが、価格が2/3というのは、まずありえません。

第1章で見てきたように、限界が見えてきつつはあるものの、半導体では「ムーアの法則」が成り立っています。それは単なる企業努力や偶然の産物ではなく、「比例縮小則」という理論的・技術的な裏付けがあってのものです。この比例縮小則は、その時代ごとに技術的な修正をされつつも、基本的には（少なくともここしばらくは）成り立っています。比例縮小則は簡単に言うと、次のようなものでした。

- **半導体チップの中の回路（トランジスタ）を半分（1/2倍）の大きさで作ると……**
  - **回路の動作速度が2倍に速くなる**
  - **同一価格で機能が4倍に向上する**
  - **同一機能ならば価格が1/4に下がる**

**▶ 図5-2　比例縮小則の例**

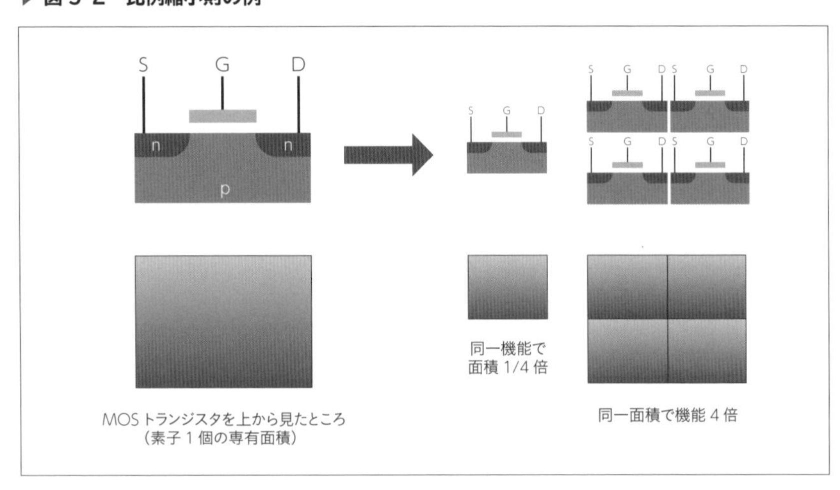

集積回路では、シリコンチップの表面に二次元的に回路が作り込まれ、その機能がトランジスタのサイズによって変わらない、という物理的な現象に対応しているものです。つまりコスト削減の企業努力によるものではない、というのがポイントです。

## ATmega328Pを実際に観察してみる

このATmega328PとPBの違いを、ムーアの法則から理解しようとすれば、後発であるATmega328PBのほうが、回路を構成するトランジスタが小さくなっていることで、高性能なんだけど安価、ということが起こっているのではないか、と考えられます。

そこで、実際にATmega328PとATmega328PBのチップを観測してみました。観察するチップは、さきほどの「炙る」方法で手に入れます。



▶ 図 5-3　取り出したATmega328Pのチップ全体の写真

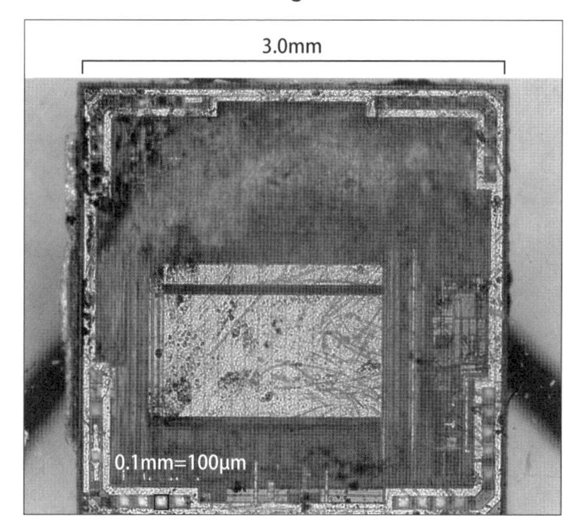


これを顕微鏡で、徐々に倍率を上げながら観測していきます。

まずチップの外形を定規で測ると1辺が3mmでした。さらに、この写真の左下に写っている正方形（パッド）の大きさを、チップ外形との比で求めると 0.1mm（100 μm）でした。

▶ 図 5-4　ATmega328Pのパッドのアップと目印にした四角部分のアップ

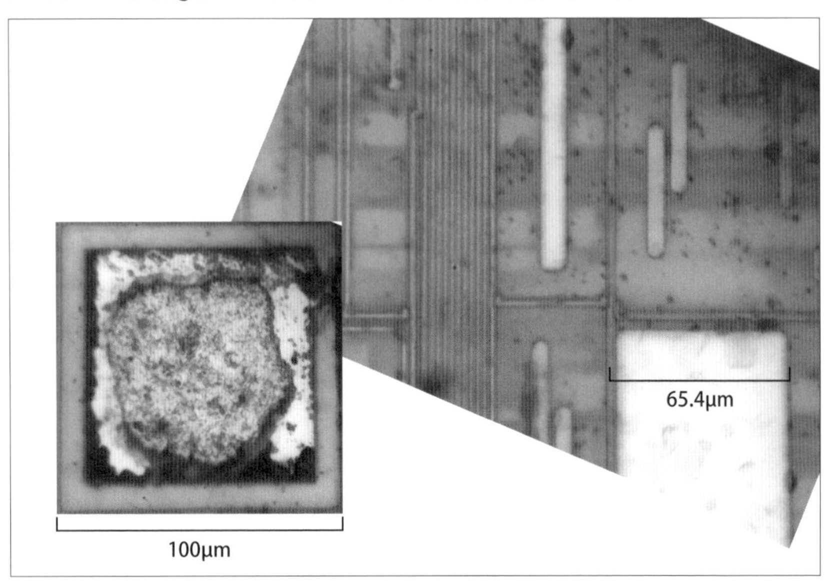


もう少し倍率を上げて、パッド付近にある目印になる形状のもののサイズを、パッドのサイズ 100 μmを基準にして比率で計算して求めます[注2]。この例では、右側の白い四角い部分の横のサイズが65.4 μmと求められました。

注 2　測定には画像ソフトを利用するか、印刷して定規で測定するなどの方法があります。ちなみに筆者は Inkscape（https://inkscape.org/ja/）を利用して測定しました。

▶ 図 5-5　ATmega328P のデータバスと思われる配線

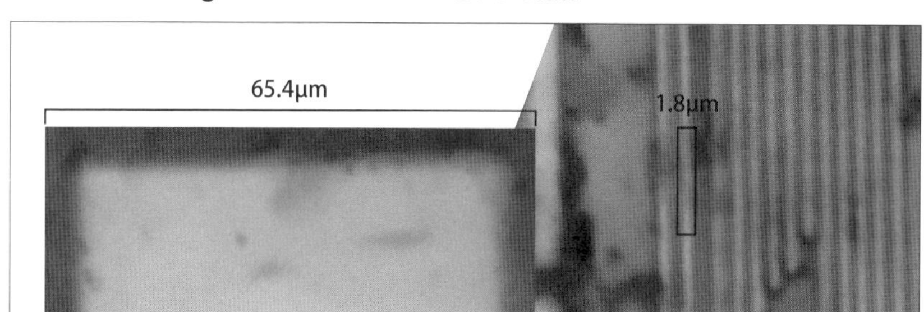


さらに倍率を上げて、その横にある細い配線が並んでいるところを見ていきます。これは、おそらくデータバスの配線でしょう。ここの配線の幅を求めると、1.8 μ m となりました。

これぐらいの微細加工の世代だと、金属配線の幅は MOS トランジスタのサイズ（ゲート長）とだいたい同じなので、加工寸法（テクノロジノード）は 1.8 μ m ぐらい、ということになります。本稿執筆時点での最先端の最小加工寸法は 10nm（0.01 μ m）以下ですから、それより 100 倍以上大きいもののようです。とはいえ、特に最近のかなり進んだ微細加工では、技術的な難易度が急速に高くなるため、製造装置も指数関数的に高価になります。この 1.8 μ m くらいのチップの製造技術は十分に使い古された「枯れた技術」であるため、安価に製造できるわけです。

## ATmega328PB も観察して、考察を裏付ける

続いて、同じ方法で、ATmega328PB のほうも計測してみます。チップは、中国の通販サイト AliExpress[注3] から 10 個 1350 円で購入しました。まさか発送したお店も、そのままバーナーで炙られるとは夢にも思わないでしょうね。

注 3　https://ja.aliexpress.com/

▶ 図 5-6　取り出したATmega328PBのチップ全体の写真

▶ 図 5-7　ATmega328PBのパッド部分のアップと次の目印

チップは縦長で3×2.5mm、パッドのサイズは75μmでした。

さらに倍率を上げていくと、やはりバス配線と思われる細い配線が見えてきました。3本の配線の間が2.4μmでした。これは、2本分の配線の幅と、2つ分の配線の間隔の合計です。一般にこれくらいの加工寸法の製造技術では、配線の幅と間隔は同じである場合が多いので、これから金属配線の幅は0.6μm、つまりテクノロジノードも0.6μmということになります。

▶ **図5-8　ATmega328PBのデータバスと思われる配線**

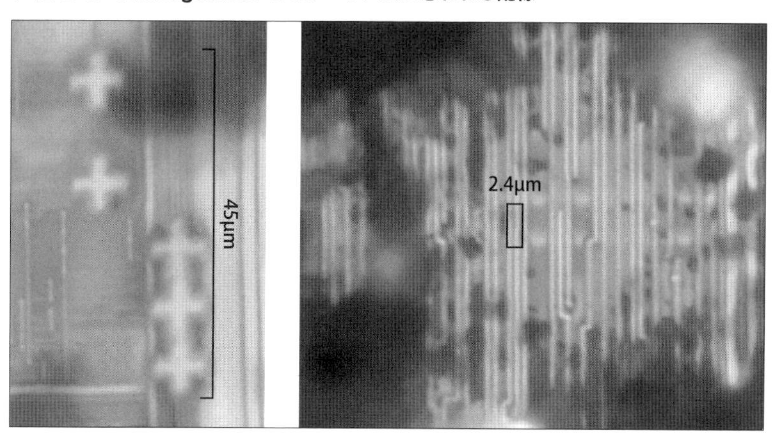


一般にテクノロジノード0.6μmぐらいまでは電源電圧が5Vでも動作できるのですが、これより微細になると5VではMOSトランジスタなどの素子が強い電界で破壊されてしまうため、電源電圧を3.3Vなどに下げざるを得ません。ATmega328PもATmega328PBも電源電圧5Vで動作しますので、この点からも妥当な計測結果といえそうです。

両者の加工寸法を比べると、ATmega328PよりもATmega328PBのほうが、1/3倍ぐらい微細といえます[注4]。

0.6μmぐらいまでの加工技術を使った集積回路の製造も、2020年現在ではかなり基本的な技術で可能で、十分に使い古された「枯れた技術」の範

注4　ATmega328Pでは、より細い線を見落としているかもしれないので、テクノロジノードは1.2μmかもしれません。その場合は1/2倍といえそうです。

疇になります。古い製造装置の減価償却が十分に済んでいるので、安価に製造することも可能です。

ここで比較した２つのチップの製造で使われている加工寸法は、かなりきれいに比例縮小とムーアの法則が成り立つ範囲です。これより微細な加工が必要になると、徐々に微細加工の技術的難易度が上がって製造コストが上昇するため、単純に微細加工＝性能向上・コストダウン、というわけにはいかない場合もあります。

このような枯れた技術でも、コンピュータのあり方・使い方を根幹から変えたマイコンが生まれたわけですから、まさに「枯れた技術でもイノベーションは起こりうる」実例といえます。技術ありきではなく、その技術で何ができるか、何をしたいか、を常に心にとめておきたいですね。

# 5.2 半導体チップのニセモノを解析してみる

もう一つ、炙ったチップを観察して見つけたおもしろい(?)事例を紹介したいと思います。それは、「ニセモノ」チップの世界です。

マイコンなどをパソコンにUSB経由でつなぐときに、USB-シリアル変換という機能の集積回路部品がよく使われます。これは、マイコンとの情報のやりとりでよく使われるUART(調歩同期式シリアル通信)規格の通信信号を、パソコンとの接続で便利なUSBに変換するものです。パソコンからはシリアルポート(COMポート)として見え、ソフトウェアからの扱いも容易です。



USB-シリアル変換のICにはよく使われる製品がいくつかあるのですが、その中で比較的安価なものとして、Prolific社という台湾の会社の製品でPL2303というものがあります。

▶ 図5-9 ホンモノのPL2303の写真

この製品について、メーカであるProlific社から「ニセモノに注意」という案内が出ています[注5]。どうもメーカが自社製品のニセモノが流通しているこ

注5 http://www.prolific.com.tw/US/ShowProduct.aspx?p_id=155&pcid=41

とを把握していて、そのニセモノでは動作しないようにしているドライバを配布し、本物かのチェックツールも配布している、ということのようです。

その話を聞いて、ニセモノはホンモノとどう違うんだろう、さらにはニセモノのメーカは、どうしてニセモノを作ろうとするんだろう、ということに興味を持ち、いろいろと調べることにしました。

## ホンモノとニセモノを比べてみる

まずニセモノの入手注6からですが、幸い(？)知人から「純正ドライバで動かないニセモノがある」という情報をいただきまして、その方からそのニセモノを譲ってもらいました。

▶ 図5-10　ニセモノのPL2303の写真

たしかにホンモノとは明らかに違う、なんだかとっても安っぽいマーキングが施されたパッケージです。パソコンにつないでも、デバイスマネージャで「？」のままでCOMポートとして認識されず、使用することができません。ホンモノのPL2303には、AからDまでの４種類のリビジョン(更新版)があって、外付け部品の有無など少しずつ機能が違うのですが、この怪しいチップが載っていたボードの外付け部品から判断するに、どうもRevision C (PL2303HXC) かRevision D (PL2303HXD) に似せた部品のようです。

そこで、Rev.CとRev.Dのホンモノを入手して、チップを比べてみるこ

注６　あからさまに「ニセモノです」として売られているものはないので、パッケージのマーキングが怪しいもの探すとか、AliExpressなどで異様に安いものを探すと、「アタリ」を引きやすいかもしれませんね。

とにしました。第４章で紹介した「炙る」方法で半導体チップを取り出してみます。

▶ **図 5-11　ホンモノRev.C（左）とニセモノ（右）の写真**

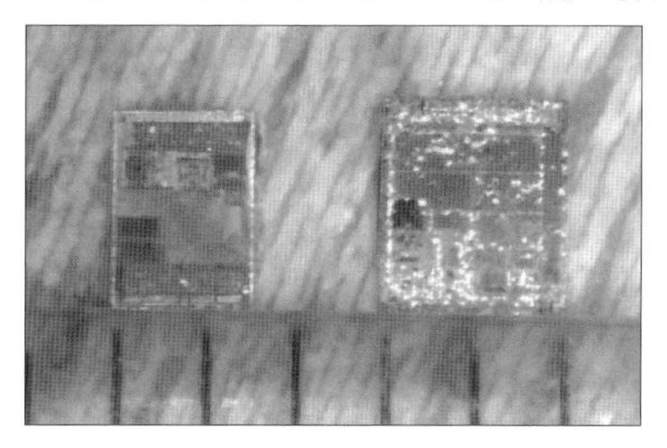

こちらが取り出した、ホンモノRev.C（左）と、ニセモノ（右）のチップですが、ぱっと見でわかるほど、明らかに違うチップです。もう少し内部を詳しく見ていきます。

▶ 図5-12　Rev.Cのチップ写真

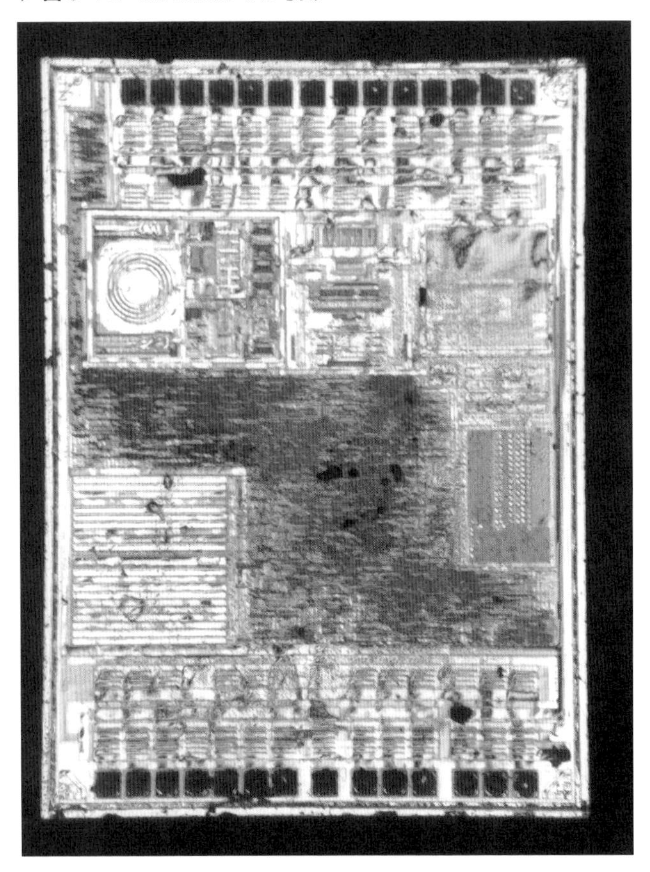

こちらが純正のPL2303（Rev.C）のチップ写真です。チップサイズは1.6×2.2mmでした。左上に渦巻きがありますが、これはインダクタのようです。インダクタは、コイルのように導線を巻いて、電気エネルギーを磁界として蓄えるなどの働きをする素子ですが、チップ上では導線を巻くのに、このようにチップ上に渦巻状に金属配線を置くのが一般的です。

▶ **図 5-13 Rev.Cのインダクタ部分の拡大**

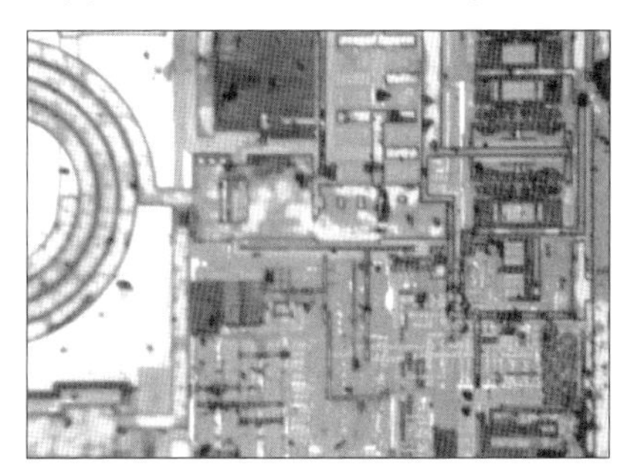

このRev.Cのインダクタの脇を拡大すると、「MOBIUS MICRO」の文字があります。こちらは、いろいろなガジェットを（ガチで）分解している鈴木さん（Twitter:@JA1TYE。 https://t-techlab.com/）から、IDTという半導体メーカに2010年に買収された発振器の会社の名前ではないか、という情報をいただきました。たしかにPL2303 Rev.Cは基準クロックの発振回路が内蔵されていて、水晶振動子を外付け不要なので、この部分はまさにその回路のようです。

▶図5-14　ニセモノのチップ写真

次にニセモノのチップ写真です。チップサイズは2.0×2.3mmと、Rev. Cよりやや大きくなっています。ニセモノのほうを見渡してみると、いくつかアナログ回路と思われるところがあります。電源回路(LDO)もあるのですが、ホンモノにあったインダクタは見当たりません。

▶ **図 5-15　ニセモノの拡大**

この写真のあたりがクロック発振回路のようですが、その種類の断定までは至りませんでした。

## 考察

この２つのチップを比べてみて気づいたことがあります。USB- シリアル変換の機能のコアは論理回路のかたまりです。両者ともに、論理回路部と思われる領域はあるのですが、いずれも手配線ではなく、HDL 記述から論理合成、配置配線を経て設計されたもの、と思われます。

ニセモノのほうは、中央付近にある階段状の領域が論理回路部と思われるのですが、両者は明らかにチップ上の回路レイアウトが異なるので、このニセモノは、ホンモノの回路レイアウトをリバースエンジニアリングして作られたコピー品ではなさそうです。ということは、もとになるHDLのソースコードがあるはずですが、ニセモノの製造メーカは、そのソースコードをどのように入手したのだろう？　という疑問がわきます。

いろいろな論理回路のHDLソースがオープンソースで流通しているOpenCores[注7]というプロジェクトはあるのですが、まさか製品のHDLソースが流通しているとは思えません。ましてやニセモノ品をゼロから設計するにしても、検証まで含めればかなりの工数がかかります。

そもそも、このPL2303はそれほど高価なチップではないので、チップあたりの利益はそれほど大きいとは思えません。それでもこうしてニセモノを設計して製造して販売しているということは、商売的にも勝算があってのことでしょうから、そのあたりの見積もりは興味がわきます。もしかしたら、製品や、その互換品のHDLソースが流通している世界線があるのでしょうか。あるいは、実は中身はマイコンで、ソフトウェアでUSB-シリアル変換の機能を実現しているのかもしれません(実際そのような製品もあります)。

ついでに、さきほどのATmega328Pと同じ方法で、両者の微細加工寸法を調べてみました。

注7　https://opencores.org/

▶ 図 5-16　ホンモノとニセモノの設計ルールの比較

ホンモノ

ニセモノ

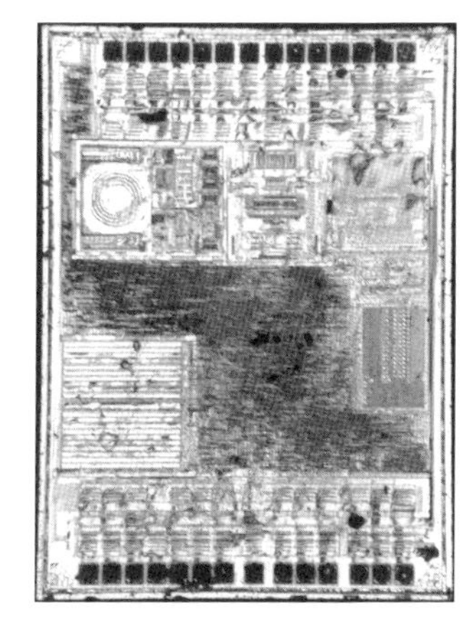

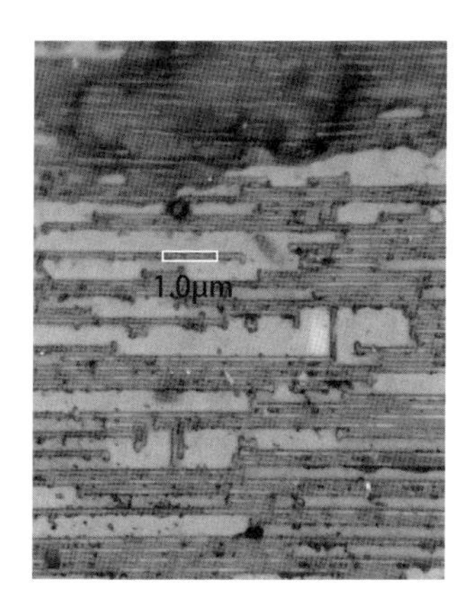


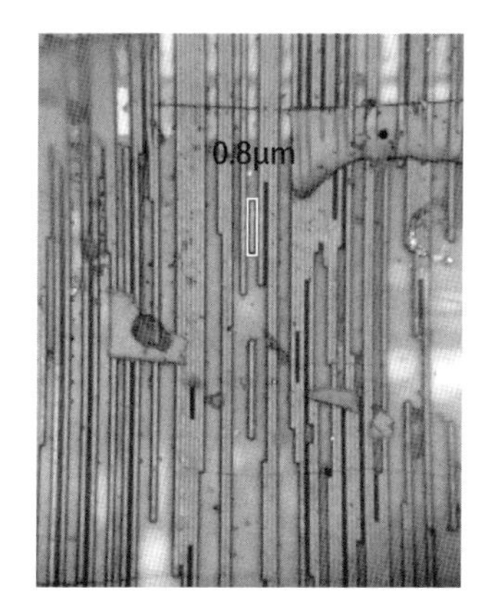

意外にも、ホンモノRev.Cが１μm、ニセモノが0.8μmと、ニセモノのほうが少し細かい製造プロセスのようです。ただ顕微鏡で見ているのは最上位層のメタル配線だけです。最上位層は下層よりも少し配線の幅が広いことも多いので、両者ともに0.8μm、ということかもしれません。チップサイズはホンモノRev.Cのほうが小さいです。

論理回路と思われる場所の面積を求めてみたところ、ニセモノがチップ全体の30.4％で1.39mm$^2$、ホンモノRev.Cが18.3％で0.64mm$^2$と、ニセモノはホンモノRev.Cの２倍近くあります。機能は（ほぼ）同じはずなので、ホンモノはソースコードのHDLの品質がいいのか、論理合成・配置配線ツールが優秀なのかもしれません。

**▶ 図5-17　より新しいホンモノRev.Dのチップ写真**

ちなみに、より新しいホンモノPL2303HXD(Rev.D)についても、炙って中身を取り出しました。こちらは純正Rev.Cとそっくりで、ぱっと見でわかる違いは見つけられませんでした。

## さらに深みへ……

さらに後日、中国の電子部品通販サイトAliExpressを見ていたら、別の怪しいPL2303(自称)を見つけました。

▶ **図5-18　マーキングのないPL2303チップ**

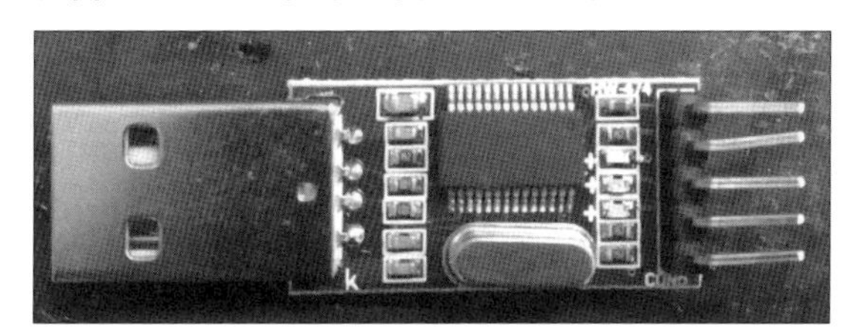

商品紹介写真に写っているPL2303と思われる集積回路部品に、マーキングがありません。しかも価格が、とんでもなく安価(約45円)です。ちなみにボードには水晶振動子が載っていますので、Prolific社の製品情報によれば、マーキングのないPL2303(自称)は、Rev.AかRev.Bと思われます。

これはアヤシイ……と、早速購入し、油で揚げて基板から集積回路を取り外して、炙ってチップを取り出し、観察してみます。

▶ **図5-19　チェックツールの判定はまさかの純正**

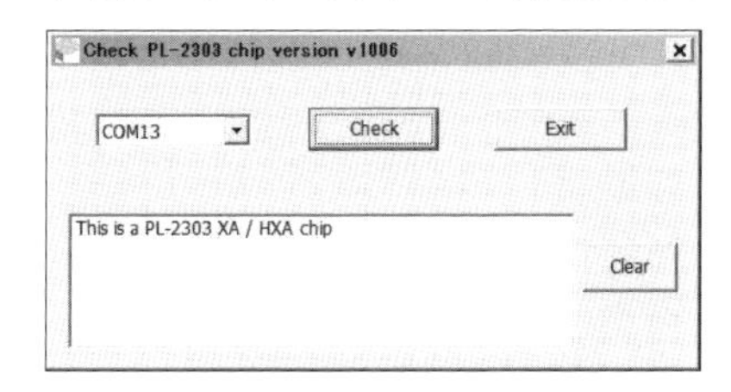


その前に、このボードをパソコンに接続して純正チェックツールで調べて

みると、まさかの「ホンモノRev.A」の判定でした。もしかしたら、これは純正品で、古い型落ち品なので投げ売りされているだけなのでしょうか注8。

▶ 図5-20　マーキングなしRev.A（自称）のチップ写真

図5-20がマーキングなしRev.A（自称）のチップ写真です。チップサイズは1.85 × 2.6mmでした。Rev.Cにあったインダクタは見当たりませんが、Rev.Aにはそもそも内蔵発振回路がないので、順当です。

注8　ただし、チェックツールで弾くのはRev.C/Dだけのようなので、Rev.Aはニセモノのチェックをしていない可能性もあります。

**▶ 図 5-21　マーキングなしRev.A（自称）の計測**

続いて、これの設計ルールを計測してみると、ホンモノRev.Cや先のニセモノと同じ0.8 μmのようです。

▶ 図5-22　ホンモノRev.Aの外観（再掲）

比較として、ホンモノのRev.Aを入手して、中のチップを炙って取り出しました[注9]。

▶ 図5-23　ホンモノRev.Aのチップ写真

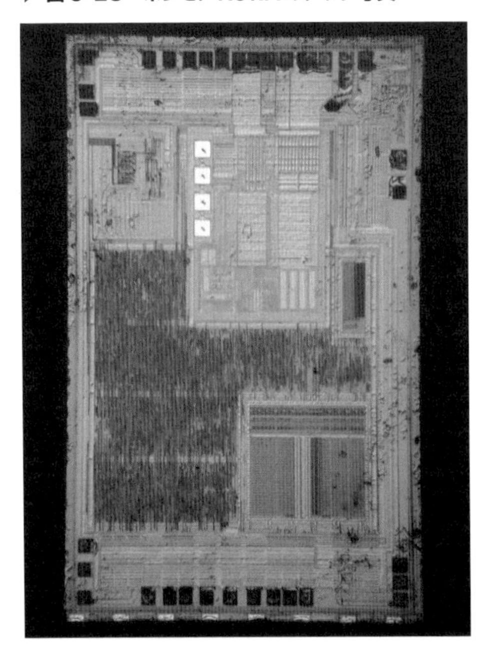

注９　執筆時点ですでに製造中止品でしたが、秋葉原の店頭をはじめ、いくつかで在庫があり、入手できました。

図5-23がホンモノRev.Aのチップ写真です。チップサイズは1.5×2.5mmで、明らかに、さきほどのマーキングなしRev.A(自称)とは違うレイアウトです。

▶ **図5-24 ホンモノRev.Aの計測**

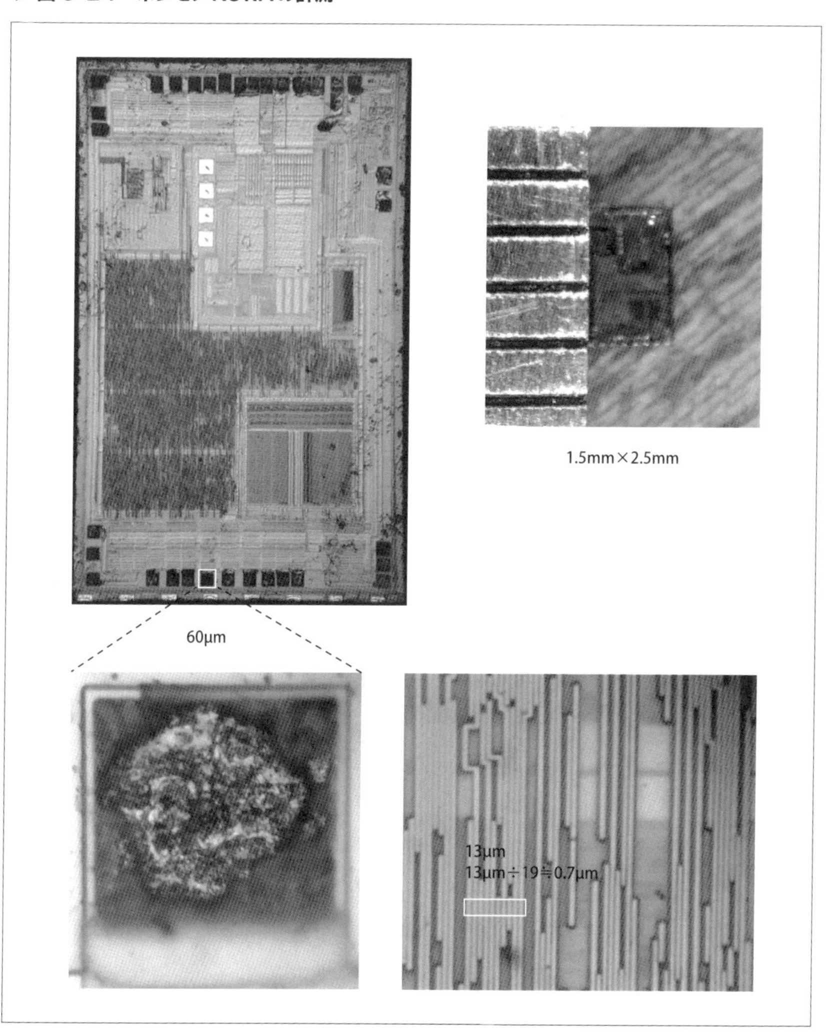

同様に設計ルールを計測してみると、約0.7μmとなりました。この数値はあまり聞かないテクノロジノードなのと、後継のRev.Cが0.8μmなので、それより細い0.6μmとは考えにくいことから、0.8μmが正しい値ではないかと思われます。

このように、新種のニセモノ(Rev.A)が見つかりました。これも、先のニセモノと同じく、設計にはそれなりの工数がかかるはずなのですが、それでもビジネスとして成り立つようで、そのあたりの生態系については興味がつきません。

## 底なしのニセモノの世界

ちなみに本稿執筆時点では、同じようなマーキングなしPL2303(自称)が載った激安USB-シリアル変換ボードがAliExpressにはたくさん売られています。ほとんどは水晶振動子が載っているので、Rev.A(自称)と思われますが、これらがすべて同じニセモノRev.A(自称)なのか、それともさらに新種のニセモノなのか、気になってしょうがありません。

**▶ 図 5-25　マーキングなしPL2303 の商品情報**

さらに「ちっちゃいものくらぶ」[注10]を運営されているtomonさん（Twitter:@tomonnn1）から、PL2303にはもっといろいろなニセモノがあるよ、という情報をいただきました。tomonさんはこれまでにPL2303が載ったボードを販売されていて、その過程でニセモノに悩まされたことが何度かあるそうです。ご厚意で、お手元にあるPL2303（自称を含む）を送っていただきました。

注10　https://tiisai.dip.jp/

▶ 図5-26　送ってもらったPL2303

明らかにマーキングの色が違ったりと、いろいろなバリエーションがあります。このようなバリエーションは、中国の電子部品市場ではかなり一般的なようで、tomonさんや、深センの電子産業についていつもいろいろ教えていただいている村谷さん（Twitter:@murayahk）によれば、純正品は「原装」と呼んで、それとは別に「国産」と呼ばれるカテゴリの部品があり、注文時に指定できるのだそうです。

この「国産」というのは、広い意味では「互換品」のようで、純正品と機能が同じ（自称）もののようです。注文するときに「国産」を指定すると、「どこ産のやつ？」と聞かれるんだそうで、いろいろな「国産」があるようです。

むかしの74シリーズの論理回路ICのころには、「セカンドソース」というものが一般的でした。セカンドソースというのは、別の会社が互換品を製造・販売するのを認める文化で、半導体の製造歩留まり（良品率）が悪かった時代に、部品供給の冗長化の観点から互換品を相互に作る、という風習だそうです。

「国産」は、このセカンドソースに似ている気もしますが、商標などの知財の点ではかなりアヤシイ気もしますし、『ハードウェアハッカー』で

bunnie氏が述べている、中国特有の知財システムである公开（GongKai）との関連も、とても興味深いところです。

公开についての説明を下記に引用します。より詳細は同書の４章「公开イノベーション」を参照してください。

> *公开は、著作権で保護された「機密」や「占有」というラベルのついた知財が公然と一般に共有されているが、特に法的な裏付けがない状態を指す。だが、音楽や映画の海賊版のように、コピーする側が一方的に利益を得るものではない。むしろ、著作権を持っているメーカーのチップを使って、電話機を製造するのに必要な知識ベースなのであり、こうした文書の共有はチップの販売を促進するのだ。最終的には、著作権を持つものとコピーする者との間には持ちつ持たれつの関係がある。*
>
> ※アンドリュー“バニー”ファン 著『ハードウェアハッカー』（技術評論社、2018年）p.160より引用

ちなみにtomonさんからは、「Profilic社のPL2303は、USB-シリアル変換のICとして有名なFT232の置き換えを狙った安価な互換品として始まったんだよ」と教えていただきました。えっ？ と思って調べてみたら、たしかに両者はピン互換でした。

**▶ 図5-27　PL2303とFT232はピン互換（データシートより）**

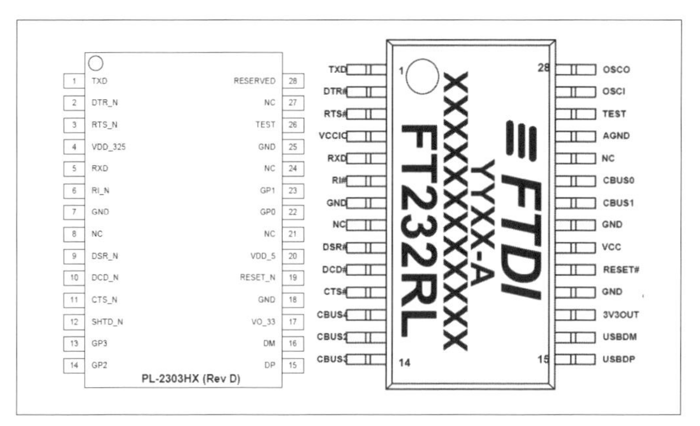

つまり、FT232用に設計されたボードに、そのままPL2303を載せて製品を作ることができるわけです。FT232の置き換えを狙ったProfilic社のPL2303が、さらに別のメーカから「国産」品を作られているわけで、中国の半導体産業は、なかなか奥が深そうです。

COLUMN

## 半導体のコストとビジネス

半導体の歴史と切っても切り離せない関係のムーアの法則ですが、半導体がコンピュータの構成要素として現代社会を支えるようになってくると、その産業、ビジネスとしての側面も大切になってきます。

ムーアの法則の産業的、ビジネス的な側面は多様な顔があり、かんたんに理解することは困難なのですが、いくつかの視点を紹介したいと思います。

まず一つの面は、微細化が機能単価の低減につながり、同一機能の低価格化、または同一価格での高機能化をもたらす事実です。これは、半導体メーカにとっても、ユーザにとってもうれしいことなので、微細化を実現するための技術開発が進んで、それが相乗効果を生んできたのは、本書でも見てきたとおりです。

もう一つの面は、微細化によって集積回路の性能が向上（例えば動作クロック周波数の向上）していくことで、必ずしも最先端の製造方法を使わなくても、それなりの機能のものが実現できる、という点です。最先端ではない製造方法は、装置の減価償却が済んでいることも多いので安価ですし、ニーズによってはそれで十分であるわけです。十分な市場を形成できる場合もありますし、場合によっては、それが産業構造を根底から変える破壊的イノベーションになりうるわけです。マイコンの誕生はこの例ですね。

今回のニセモノのチップも、その設計方法の蓄積や製造コストの低下、そしてもちろん市場のニーズがある、という環境が揃っているため、ビジネスとして成り立っていると考えることができるでしょう。

半導体チップを作る工場の立場からすれば、工場を遊ばせるよりは、何かを作って稼働率を上げたいわけで、特に多少古い製造プロセスの工場であれば減価償却が済んでいるので、そのプロセスでもニーズがある製品があるのであれば、稼働させたいところです。この観点からすれば、微細化してチップ面積を小さくすることは、工場の稼働率が下がるので、必ずしも得策とはなりません。

もちろん、スマホのCPUのように、常に最高性能を求められている市場では、常に微細化を含めた技術開発が行われているのも事実です。ただしその技術が高度になるほど、技術開発のコストが指数関数的に上昇し、もはや一つの会社で可能な投資額を超えつつあり、半導体の製造というビジネスの淘汰と集約化が進んでいるのも事実です。そしてそのような最先端の技術開発を見越した集積回路の設計や、それを載せる製品の展開についての戦略が、ますます重要になっています。

# 第6章
# コンピュータの再構成

ここまで、半導体材料からコンピュータがプログラムを実行できる様子まで、双方向に順番に見ていくことで、一通りつながっていることを説明しました。そして、実際に半導体製品の中にはチップがあることを、揚げて炙って取り出して、実際に目にして確認することもできました。

第6章ではこれらを踏まえて、論理回路レベルからコンピュータの動作に至る過程を、具体例を交えながら、改めて見ていきたいと思います。

# 6.1 電源ONのあとに起こること

コンピュータの中心的な部品であるCPUが、論理回路（順序回路）のかたまりであることは、これまでの解説で理解できたかと思います。ここでは、実際にこの論理回路がプログラムを実行していくさまを見ていきたいと思います。コンピュータの電源をONにした直後の動作は、どのコンピュータでもだいたい同じです。ここでは簡単な、しかし実際に使われているCPUの例として、Arduinoでも使われているATmega328Pを取り上げます。

▶図6-1　ATmega328P

このATmega328Pの仕様書（データシート）は、メーカのWebサイト[注1]からPDF形式で入手することができます。このデータシートには、ATmega328Pを使う上で必要な情報がすべて載っているのですが、以下ではその中から、電源ONからプログラムの実行が始まるまでの過程にしぼって、順を追って見ていきたいと思います。なお、本書で参照しているリビジョンは「Rev.A - 10/2018」になります。

注1　https://www.microchip.com/

## 割り込みから始まるコンピュータ

まずデータシートの18ページにある、ATmega328Pのアーキテクチャを確認しておきましょう。

▶ 図6-2　ATmega328Pのアーキテクチャ

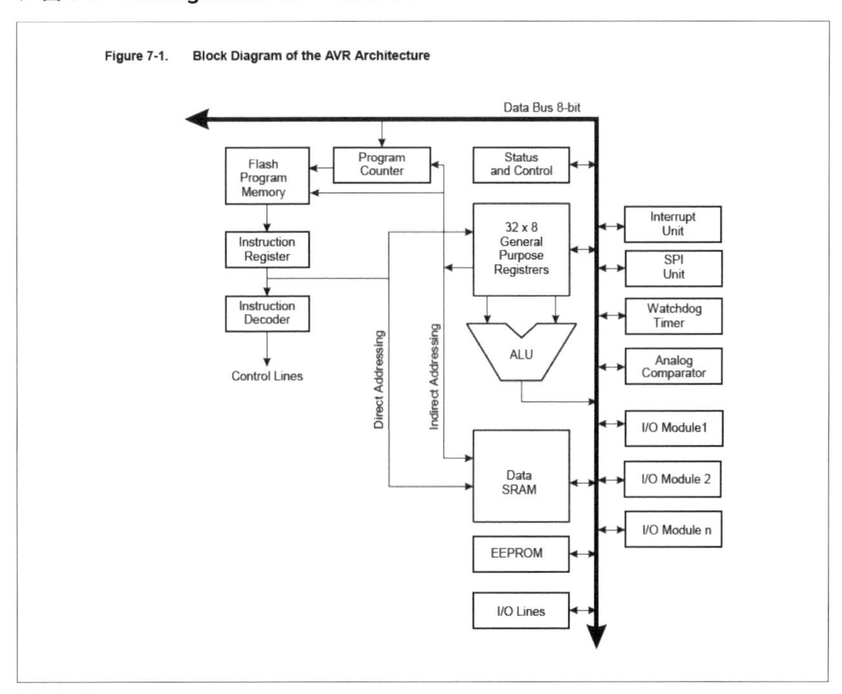


※出典："ATmega48A/PA/88A/PA/168A/PA/328/P megaAVR Data Sheet", p.18 Figure 7-1. Block Diagram of the AVR Architecture, Microchip Technology Inc., 2018

演算器であるALUや、CPU内メモリであるレジスタなどがデータバスでつながっていて、データをやりとりできるようになっています。このやりとりの流れを制御するのが、プログラムを構成する「命令」でした。

次にデータシート74ページのTable. 12-6を確認すると「Interrupt Vectors」というものの一覧が載っています。ATmega328Pを含むマイコンの多くでは、つながっている外部から信号やデータがやってきたときに、プログラムの実行を一時中断して、別の処理を行う「割り込み(interrupt)」という機能があります。このInterrupt Vectorとは、外部からやってきた「割り込みの原因」に応じて、どこへプログラムの実行を移すか、というアドレスが書かれている一覧表です。この一覧表は、実際にはCPU内のメモリの一部です。

▶ 図6-3　ATmega328Pの割り込みベクトルの表

12.4　Interrupt Vectors in ATmega328 and ATmega328P

Table 12-6.　Reset and Interrupt Vectors in ATmega328 and ATmega328P

| VectorNo. | Program Address | Source | Interrupt Definition |
|---|---|---|---|
| 1 | 0x0000(1) | RESET | External Pin, Power-on Reset, Brown-out Reset and Watchdog System Reset |
| 2 | 0x0002 | INT0 | External Interrupt Request 0 |
| 3 | 0x0004 | INT1 | External Interrupt Request 1 |
| 4 | 0x0006 | PCINT0 | Pin Change Interrupt Request 0 |
| 5 | 0x0008 | PCINT1 | Pin Change Interrupt Request 1 |
| 6 | 0x000A | PCINT2 | Pin Change Interrupt Request 2 |
| 7 | 0x000C | WDT | Watchdog Time-out Interrupt |
| 8 | 0x000E | TIMER2 COMPA | Timer/Counter2 Compare Match A |
| 9 | 0x0010 | TIMER2 COMPB | Timer/Counter2 Compare Match B |
| 10 | 0x0012 | TIMER2 OVF | Timer/Counter2 Overflow |
| 11 | 0x0014 | TIMER1 CAPT | Timer/Counter1 Capture Event |
| 12 | 0x0016 | TIMER1 COMPA | Timer/Counter1 Compare Match A |
| 13 | 0x0018 | TIMER1 COMPB | Timer/Coutner1 Compare Match B |
| 14 | 0x001A | TIMER1 OVF | Timer/Counter1 Overflow |
| 15 | 0x001C | TIMER0 COMPA | Timer/Counter0 Compare Match A |
| 16 | 0x001E | TIMER0 COMPB | Timer/Counter0 Compare Match B |
| 17 | 0x0020 | TIMER0 OVF | Timer/Counter0 Overflow |
| 18 | 0x0022 | SPI, STC | SPI Serial Transfer Complete |
| 19 | 0x0024 | USART, RX | USART Rx Complete |
| 20 | 0x0026 | USART, UDRE | USART, Data Register Empty |
| 21 | 0x0028 | USART, TX | USART, Tx Complete |
| 22 | 0x002A | ADC | ADC Conversion Complete |
| 23 | 0x002C | EE READY | EEPROM Ready |
| 24 | 0x002E | ANALOG COMP | Analog Comparator |
| 25 | 0x0030 | TWI | 2-wire Serial Interface |
| 26 | 0x0032 | SPM READY | Store Program Memory Ready |

Notes:
1. When the BOOTRST Fuse is programmed, the device will jump to the Boot Loader address at reset, see "Boot Loader Support – Read-While-Write Self-Programming" on page 272.
2. When the IVSEL bit in MCUCR is set, Interrupt Vectors will be moved to the start of the Boot Flash Section. The address of each Interrupt Vector will then be the address in this table added to the start address of the Boot Flash Section.

Table 12-7 on page 75 shows reset and Interrupt Vectors placement for the various combinations of BOOTRST and IVSEL settings. If the program never enables an interrupt source, the Interrupt Vectors are not used, and

※出典："ATmega48A/PA/88A/PA/168A/PA/328/P megaAVR Data Sheet", p.74 Table 12-6. Reset and Interrupt Vectors in ATmega328 and ATmega328P, Microchip Technology Inc., 2018

割り込みが発生したとき、プログラムは、この表に書かれたアドレスへ実行が移ります。表の一番最初に「RESET」という行があります。電源をONにした直後や、リセット端子を使ってリセットをかけるのも、「割り込み」の一種であるわけです。RESETのところを見ると、Program Addressが0x0000[注2]と書いてあります。つまりプログラムが入っているメモリの0番地に、RESETが起こったときにプログラムの実行を始めるアドレスが書いてあるわけです。

▶ 図6-4　割り込みベクトルと分岐の様子

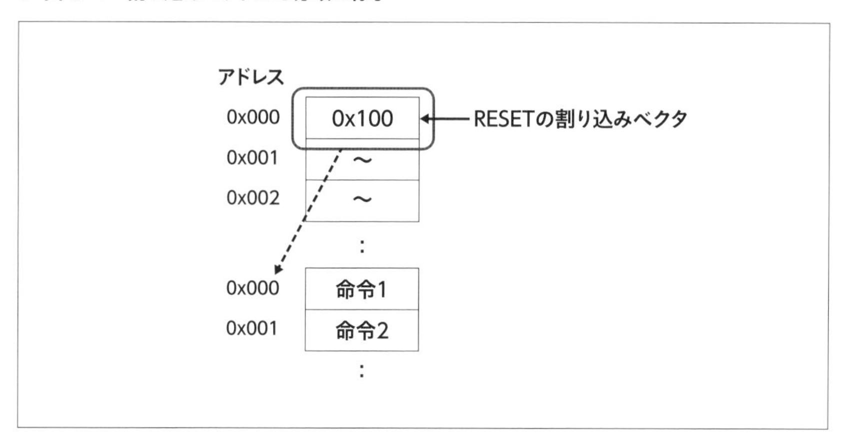


コンピュータの電源をONにすると、RESET割り込みが発生した扱いになって、まずプログラムメモリ0番地に書いてある内容を読み出します。そこに書いてある内容はプログラムの実行を始めるアドレスですから、そのアドレスへプログラムの実行を移します。

この一連の動作は、なんとなくまどろっこしく感じるかもしれません。しかしよく考えたら、プログラムの実行が別のアドレスにジャンプするということは、実行中の命令のアドレスを示すプログラムカウンタの値を変更する、ということでした。つまり「プログラムアドレス0番地の内容をプログラム

注2　0x（he**x**adecimal）は16進数を意味します。同様に2進数は0b（**b**inary）、10進数は0d（**d**ecimal）、8進数は0o（**o**ctal）などで表すことがあります。

カウンタに代入する」というデータの流れを行えば、この動作が起こることになります。

ちなみにインテルやARMプロセッサのような、高性能なCPUでも、原理は同じです。例えばARMプロセッサの一種のCortex-M0の仕様書などはARM社のWebサイト[注3]から入手できます。このうち命令セットなどに関する仕様書（Cortex-M0 Devices Generic User Guide）には、図6-5のようにリセット時の分岐先に関する記述があります。

▶ 図6-5　ARMプロセッサのリセットベクトル

Table 2-11 Properties of the different exception types

| Exception number[a] | IRQ number[a] | Exception type | Priority | Vector address[b] | Activation |
|---|---|---|---|---|---|
| 1 | - | Reset | -3, the highest | 0x00000004 | Asynchronous |
| 2 | -14 | NMI | -2 | 0x00000008 | Asynchronous |
| 3 | -13 | HardFault | -1 | 0x0000000C | Synchronous |
| 4-10 | - | Reserved | - | - | - |
| 11 | -5 | SVCall | Configurable[c] | 0x0000002C | Synchronous |

※出典："Cortex-M0 Devices Generic User Guide", p.2-20 Table 2-11 Properties of the different exception types, ARM Limited, 2009

WindowsやLinuxなどのOSが動作するコンピュータの場合は、このリセット直後に実行が始まるプログラムで、メモリの初期化やHDDなどの外部記憶装置を使う準備などの、OSの実行に必要なさまざまな処理を行うことになります。ちなみにこのようなプログラムを「ブートローダ」と呼びます。その後、OSの実行が始まり、そこから各種アプリケーションの実行へと続き、私たちが普段目にするコンピュータの動作が始まるわけです。

注3　http://infocenter.arm.com/

# 6.2 CPUの命令

コンピュータがプログラムを実行するのは、最終的には「命令」の実行に還元されます。そして命令の実行は、CPU内の演算器やメモリを、その命令の動作通りに制御する、というもので、論理回路がそれを実現する、ということでした。

ここでは、RISC-V（リスクファイブ）という、2010年ごろから話題になることが多くて実際の製品でも使われることが多いCPU（正確にはその命令の仕様）を例に、命令の実行と論理回路の動作のつながりの一端を見ていきたいと思います。



## CPUが理解できる命令のカタチ

RISC-Vの仕様書（正確には使える命令の仕様書）は、RISC-V FoundationのWebサイト[注4]からPDF形式で入手できます。

注4　https://riscv.org/specifications/isa-spec-pdf/

▶ 図6-6　RISC-Vの命令の基本フォーマット

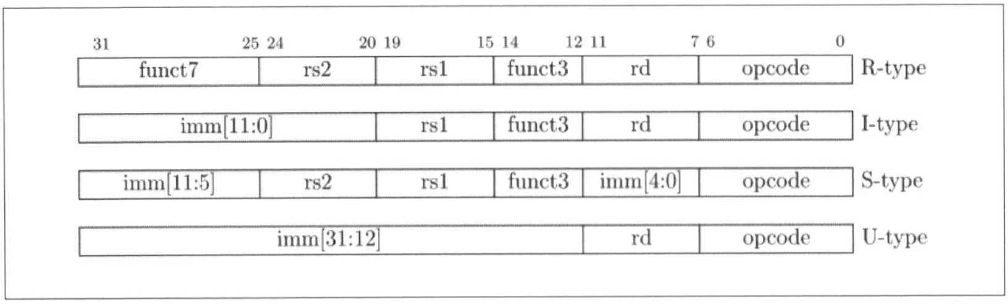

| 31　25 | 24　20 | 19　15 | 14　12 | 11　7 | 6　0 | |
|---|---|---|---|---|---|---|
| funct7 | rs2 | rs1 | funct3 | rd | opcode | R-type |
| imm[11:0] | | rs1 | funct3 | rd | opcode | I-type |
| imm[11:5] | rs2 | rs1 | funct3 | imm[4:0] | opcode | S-type |
| imm[31:12] | | | | rd | opcode | U-type |

※出典：Andrew Waterman and Krste Asanović, "The RISC-V Instruction Set Manual, Volume I: User-Level ISA, Document Version 2.2", p.11 Figure 2.2: RISC-V base instruction formats., RISC-V Foundation, May 2017.

この仕様書のFigure 2.2に、RISC-Vの命令のフォーマットが定義されています。RISC-Vでは、1つの命令は32ビット、つまり4バイトと定義されています。4バイトの数値でCPUが行うべき処理、言い換えれば中の論理回路をどのように制御するか、を表しているわけです。このフォーマットには、4バイト、つまり32個の0または1の数値の列の、どの部分がどのような意味を持っているか、が定義されています。

## CPUに渡す命令の意味

例えばこの表の一番下のU-Typeの命令では、31ビット目から12ビット目の20ビット分が、imm[31:12]と書かれています。immとは、immediateの略で日本語では即値と呼びます。これは、定数の数値のことです。実際の命令では、扱いたい数値定数の31ビット目から12ビット目までの並びを、命令のこの部分にはめるわけです。

このようにU-Type命令では、定数は11ビット目から0ビット目までの12ビットは指定できず、そこは0とした定数のみを扱います。例えば0x12345000という32ビットの数値定数を扱いたい場合は、この31ビット目から12ビット目は0x12345となり、命令のこの部分が埋まります。

▶ **図 6-7　imm[31:12] に 0x12345 を埋めた命令（点線は 4 ビットの区切りを表す）**

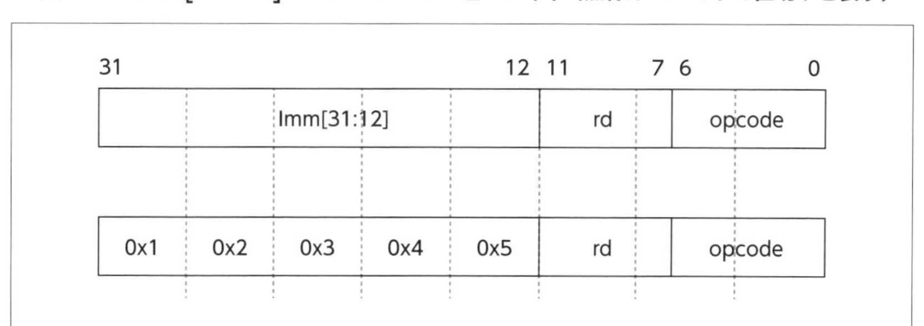


その隣の「rd」は、destination registerのことで、数値を代入したりするレジスタ（CPU内のメモリ）の番号を表します。RISC-Vではレジスタは32個と定義されているので、それを区別するためには5ビットの情報が必要です[注5]。実際、この命令フォーマットでのrdは11ビット目から7ビット目の5ビット分を占めていることがわかります。ここでは例えば3番のレジスタ（r3）を対象としてみましょう。

▶ **図 6-8　rd=3 を埋めた命令**

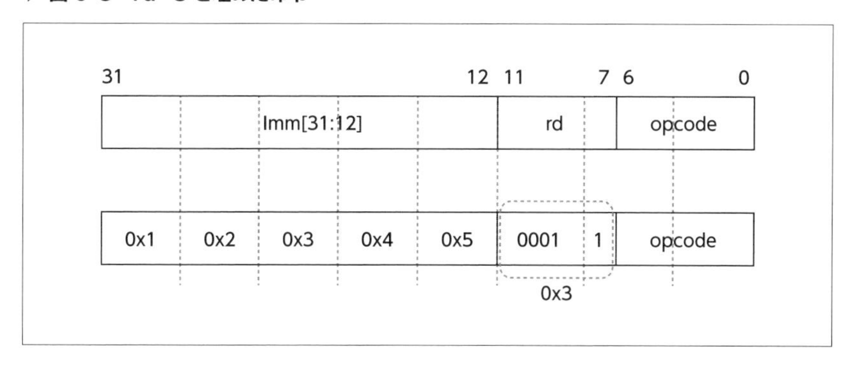


最後の「opcode」は、その命令で行うべき処理を示します。これは仕様書のChapter 19に一覧として載っています。

注5　$2^5 = 32$。

▶ **図6-9　opcodeの表の一部**

**RV32I Base Instruction Set**

| | | | | | | |
|---|---|---|---|---|---|---|
| imm[31:12] | | | | rd | 0110111 | LUI |
| imm[31:12] | | | | rd | 0010111 | AUIPC |
| imm[20\|10:1\|11\|19:12] | | | | rd | 1101111 | JAL |
| imm[11:0] | | rs1 | 000 | rd | 1100111 | JALR |
| imm[12\|10:5] | rs2 | rs1 | 000 | imm[4:1\|11] | 1100011 | BEQ |
| imm[12\|10:5] | rs2 | rs1 | 001 | imm[4:1\|11] | 1100011 | BNE |

※出典：Andrew Waterman and Krste Asanović, "The RISC-V Instruction Set Manual, Volume I: User-Level ISA, Document Version 2.2", p.104 Table 19.2: Instruction listing for RISC-V, RISC-V Foundation, May 2017.

ここでは、LUIという処理をすることにしてみましょう。LUIとは、Load Upper Immediateの略で、数値（の上位24ビット）をレジスタに代入（load）する、という処理を実行する命令です。この表によれば、二進数で「0110111」と定義されています。

以上をまとめると、数値0x12345をレジスタr3（の上位24ビット）に代入する命令（アセンブリ表記では「lui r3, 0x12345」）は、次の図のようになります。

▶ **図6-10　最終的な命令の完成**

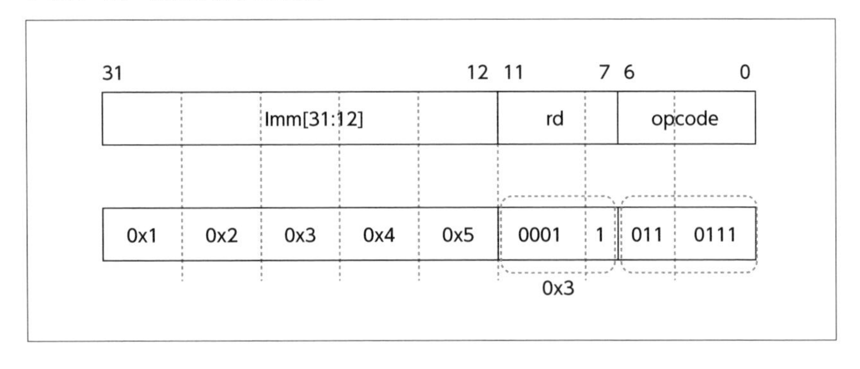


結果を16進数で表すと、0x123451b7となります。rdが5ビット、opcodeが7ビットで区切りがわかりにくいかもしれませんが、よく考えれば対応関係がわかるかと思います。この4バイトを2進数で書くと「00010010 00110100 01010001 10110111」となります。このほうが区

切りがわかりやすいかもしれません。

　このように、命令フォーマットに沿って、行いたい処理内容にあわせて、4 バイト 32 ビットの数値という命令を組み立てることができました。本来はこの組み立ては、コンパイラやアセンブラが行うべき作業で、人間が行うことはあまりありません。それでもこのように一段階ずつ行ってみたことで、命令の実体が少し見えてきたのではないかと思います。

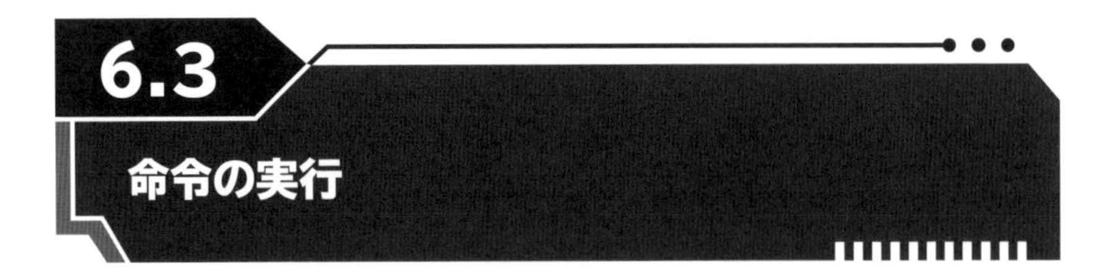

## 6.3 命令の実行

次にCPUがメモリからこの命令を読み出し、実際に実行する様子を見ていきましょう。

▶ 図6-11　RISC-VのCPUアーキテクチャの例

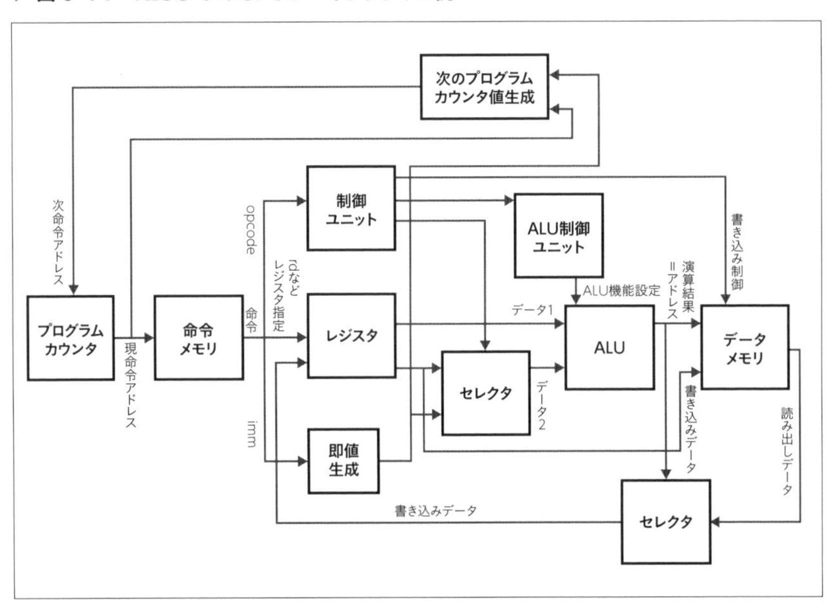


図6-11は、RISC-Vの命令を実行するCPUアーキテクチャの例です。この図は、うずうずアライグマ著『Friends RISC-V』[注6]の29ページに掲載された「▲図3.1　全体図」を参考にして作成しました。

注6　https://booth.pm/ja/items/1331900

## 1 クロックの間に起きていること

一見するとだいぶ複雑に見えますが、以下、順に要点を絞って、さきほどのレジスタr3に定数を代入する命令を実行する様子を見ていきます。

▶ **図6-12　命令の実行の様子1**

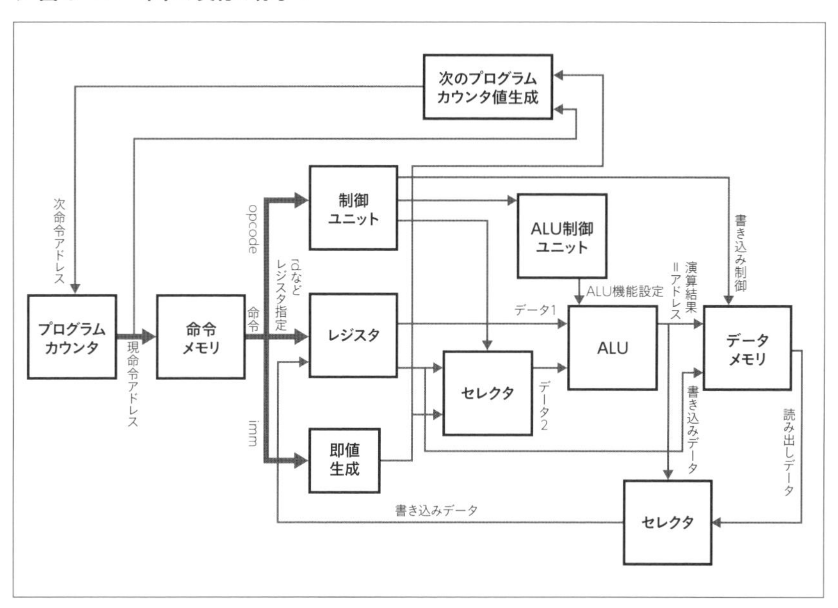


まず、プログラムカウンタが、いま実行しようとしている命令が入っている命令メモリのアドレスを示していますから、その値を命令メモリのアドレスとして与え、命令メモリの内容、つまり4バイト32ビットの数値である命令が読み出されます。

図6-12の太線の部分が、そのデータの流れです。この命令には、さきほど見たように命令の動作を示すopcodeやレジスタ番号rd、数値immが含まれていますから、データもこのように三つに分けられます。分けられたそれぞれのデータは、即値を生成する回路（具合的にはimm[31:12]からimmを生成するために12ビット左シフトする）、レジスタに対するレジスタ番

号の指定、そして全体のデータの流れを制御する制御ユニットに与えられます。

▶ 図6-13　命令の実行の様子2

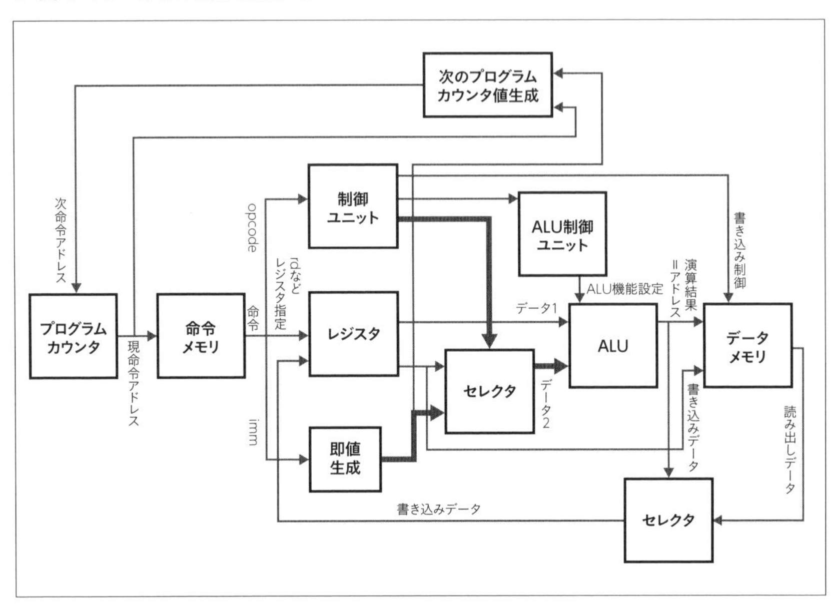


今回の「lui r3, 0x12345」という命令の場合は、生成された即値が、図6-13の太線の経路で演算回路であるALUに入ります。ALUに与えられるデータは、レジスタから読み出した値を使う命令もあるのですが、そこは命令に応じて制御ユニットがセレクタで選択します。またALUで行う演算内容は、制御ユニットが決めますが、この命令の場合は、ALUはセレクタから入ってきた即値をそのまま出力するようにします。

▶ 図 6-14　命令の実行の様子 3

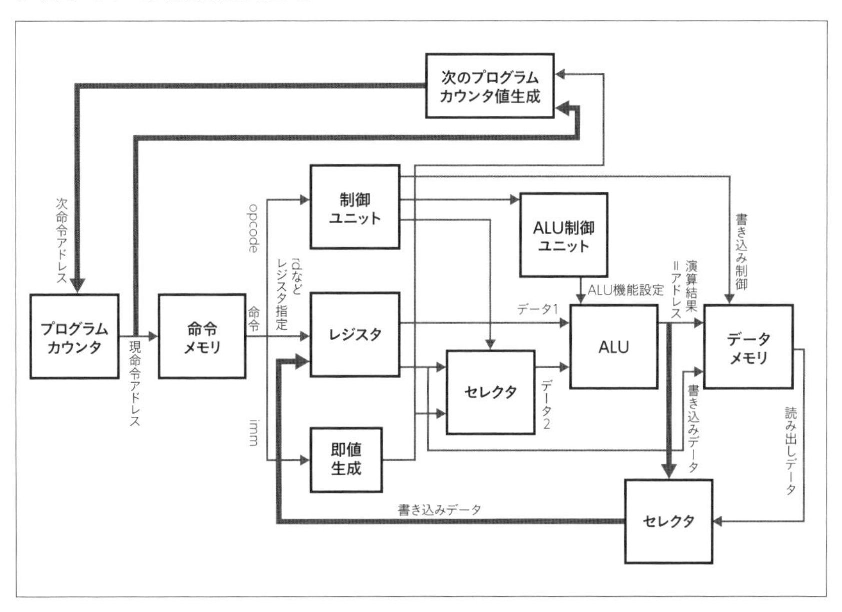


ALUの出力は、右下のもう一つのセレクタによってレジスタへの書き込みデータとしてレジスタに与えられます。レジスタの書き込み対象は、さきほどrdとして指定されていました。ここで書き込み対象のレジスタの指定と、そこに書き込むデータが揃ったことになります。

あわせて、右上の回路で、次の命令実行のためのプログラムカウンタの値の計算が行われています。この命令はジャンプ命令ではないので、順当に次の命令を実行するために、現命令のアドレスに1を加算して次命令アドレスが求められます。なおジャンプ命令の場合は、次命令アドレスはジャンプ先のアドレスということになります。

## クロックに合わせて次の処理へ

ここで、プログラムカウンタとレジスタの値を、クロック信号にあわせて一斉に更新します。そうすると、プログラムカウンタは次の命令のための命令メモリのアドレスを示し、またレジスタr3に即値0x12345（を12ビットシフトした値）が書き込まれます。これがまさしく「命令を実行した」ということなのです。

この一連の動作を大局的に見ると、まさしく、現状態から次状態へクロック信号にあわせて遷移していく、論理回路である順序回路の動作そのものです。データの流れはやや入り組んでいますが、これはいろいろな命令を実行できるように、データが流れる経路が用意されていて、それを制御ユニットが命令の実行内容に応じてうまく制御していくわけです。

このように、一見、複雑そう、というか、魔法のようにも見えてしまいそうなCPUの動作も、命令とデータに基づく順序回路という論理回路の動作であることがわかりました。もちろん実用的なCPUのためには、パイプライン動作化や並列動作などの工夫がいろいろありますが、原理は意外と単純なのですね。

どんな大きくて複雑なプログラム、さらにはOSであってもクラウドであっても、最終的にはこのように一つの単純な命令に分解されて、それが順番に実行されているわけです。そしてそれが1秒間に何億回（以上）という、人間にはとても真似ができない速度で実行されているわけです。

# 第7章 物理世界とコンピュータとの界面

　ここまで、主にコンピュータに中身、特にプログラムを実行する様子とそのためのメカニズムについて順番に見てきました。この本の最後に、コンピュータとその外の世界との、インターネットとは別の接点について、少し考察をしてみたいと思います。

# 7.1 コンピュータの進化がもたらした「コンピュータのお手軽化」

ムーアの法則は、たしかにコンピュータの高性能化をもたらしました。現に、世界最速のスーパーコンピュータの性能は、年々増加しています。その一方で、ムーアの法則は、集積回路、さらにはコンピュータの低価格化をもたらしました。

この「コンピュータの低価格化」は、単に安いパソコンが買える、というだけにとどまりません。それはコンピュータの使い方の概念そのものを根幹から変えうる可能性を秘めていますし、現にそれは起こっています。

これまで何度か出てきた「マイコン」は、まさにその例です。マイコンは、技術的には「古い枯れた技術」のかたまりです。教科書レベルの基本的なアーキテクチャで、これまた普通の技術であるメモリや周辺回路をワンチップに集積した「だけ」のものです。またその製造に使われる技術は最先端の微細加工ではなくて、10 年以上前の、あまり凝っていない、十分に減価償却が済んだ設備で十分です。

## Lチカのパラダイムシフト

それでも「マイコン」は、単に安くて小さいコンピュータではありません。例を挙げてみましょう。「LED を点滅させる」というものを作ろうと考えてみます。これは、プログラミングにおける最初の一歩である「Hello World」的なもので、「L チカ (LED チカチカ)」と呼ばれています。

▶ **図 7-1 旧来のLチカの比較**

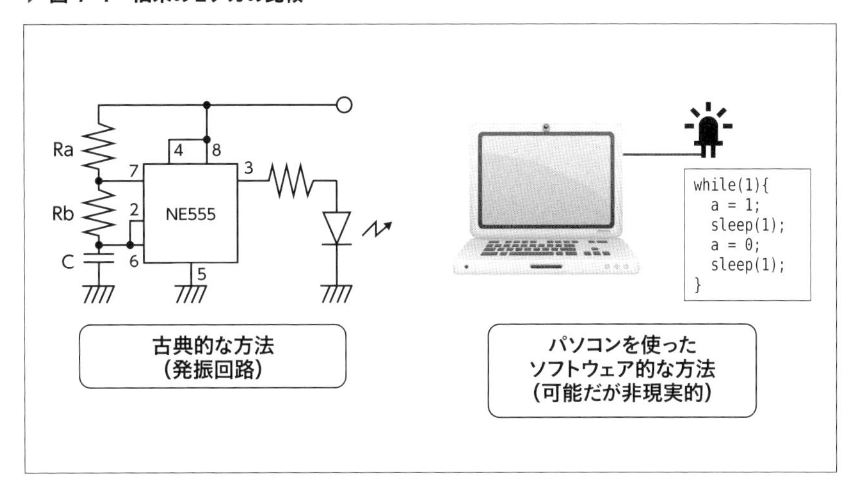


Lチカは、昔は発振回路という電子回路で作るのが一般的でした。コンピュータが普及した現代では、パソコンのUSBポートなどにインタフェースICを介してLEDを接続し、それを制御するプログラムを書いて「Lチカ」をすることも、もちろん可能です。しかし、たかだか1個のLEDを点滅させるためだけに、パソコンを1台使うのは、さすがにパソコンが安くなったとはいえ、「もったいない」と思ってしまいます。つまり「パソコンを使ったLチカ」は、可能ではありますが、現実的ではないわけです。

ところが同じコンピュータでも、「マイコンを使ったLチカ」では、事情が変わってきます。次ページの図 7-2 の右側の回路は、秋葉原で売っているマイコン（PIC12F509）を使ってLチカをした例です。左側には、比較として、古典的な発振回路（555という有名な発振回路を作るIC）でLチカする回路を作ってあります。

▶ 図 7-2　マイコンを使ったLチカ

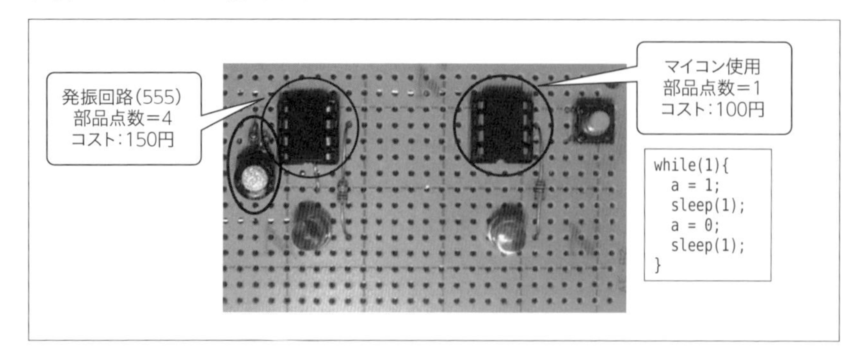


これを見てわかることは、まず部品点数はマイコンのほうが少ないことです。実は価格も、マイコンを使ったほうが安くなります。そして機能もマイコンを使ったLチカのほうが高いです。例えば点滅周期を変えたくなったら、発振回路では抵抗やコンデンサを交換しなければなりませんが、マイコンであればプログラムを少し直すだけでOKです。点滅パターンを変えるのも、発振回路ではほぼ無理ですが、マイコンなら簡単です。

つまり、「マイコンを使ったLチカ」は、あらゆる面で現実的な方法なのです。どちらもコンピュータと呼ばれるものですが、パソコンならもったいなくても、マイコンならば最適なわけで、これはまさに、コンピュータが安く小さくなったことで、コンピュータの使い方のパラダイムシフトが起こった、といえます。

## マイコンが道具になるということ

このような流れは、Arduinoをはじめとする近年のマイコンの普及によって、より拍車がかかっています。いまや子供や回路・コンピュータの専門家ではない人がマイコンを使うのはごく当たり前ですし、秋葉原の電子部品ショップの客層もだいぶ変わってきました。

実は私自身、Arduinoが登場したころ、どうしてそれがそこまで騒がれるのか、よくわかりませんでした。いままで無数にあったマイコンボードの一つか、イタリア製って珍しいね、ぐらいの感想でした。ところがだまされたと思って実際に使ってみると、その「使いやすさ」に唸りました。買ってきてから箱を開けてパソコンにつないでLチカするまでの手間と時間が、それまでのマイコンとは本質的に違って少ないのです。

個人的に、このArduinoの劇的な使いやすさは、以下の3点だと思います。

- **USBで給電と通信**
- **DTRリセット（パソコンからリセットをかけられる）**
- **メスソケット（ジャンパピンをつなげる）**

このような使いやすさの工夫は、専門家にはなかなか気づけないものです。マイコンの専門家（プロ）は、マニュアルが不親切であっても使えてしまうのですね。子供や非専門家は、わかりにくかったり使いにくかったりすると、使うのをやめてしまいます。たかが「使いやすさ」、されど「使いやすさ」だと、本当に強く思います。



## 日常生活に溶け込んだマイコン

このような、マイコンが世の中を変えてきた現象を見ると、単に技術が発明されるだけでは足りないな、と思います。それが使いやすく進化をして、その使われ方が多くの人に理解され、受け入れられて、多くの人がそれを使ってこそ、世の中を変える原動力になります。

これに関して、ちょっと違う例を紹介しましょう。エリンギというキノコがあります。エリンギは、Wikipediaによると、ヨーロッパでは古くから一般的に食べられていたそうです。日本に入ってきたのは1993年に愛知県林業センターが栽培に成功してから、だそうです。ところがエリンギの出荷量のグラフを見ると、1993年からしばらくはぜんぜん市場に出回っていないことがわかります（図7-3）。つまりエリンギが日本で「発明」されても、社会には受け入れられなかったわけです。

▶ **図 7-3　エリンギの出荷量**

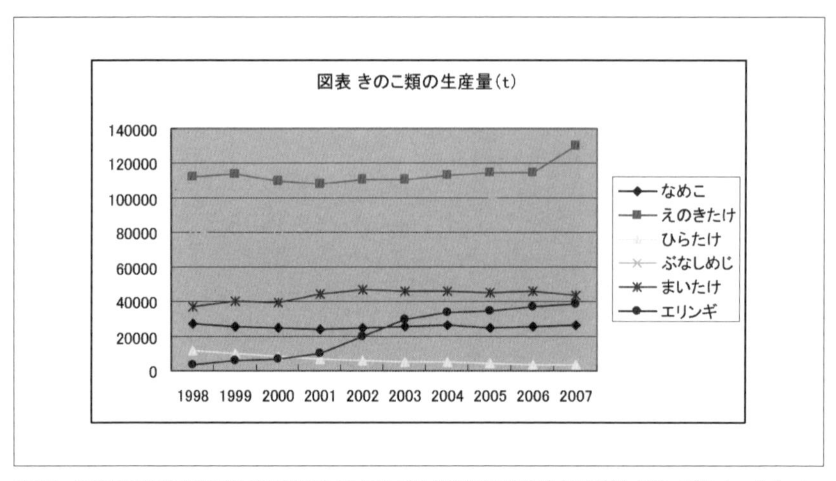


※出典：林野庁経営課特用林産対策室『平成 20 年度 農林水産物貿易円滑化推進事業 台湾・香港・シンガポール・タイにおける品目別市場実態調査（生鮮きのこ）報告書』、農林水産省、2009 年

たしかに知らなかったら、見たことのない形のキノコは気味が悪いですし料理の仕方も見当がつきません。しかしその後、キノコのメーカの努力や料理番組・本などでの調理例の紹介という地道な普及活動が進み、徐々に市場に出回るようになります。実際に市場で急速にシェアが伸びてきたのは 2000 年ごろからです。今ではすっかり定番キノコの一つになりました。

マイコンもこれと同じです。発明されてもプロしか使わないうちは、社会を変える原動力にはなりません。しかし使いやすく進化し、その使われ方が Maker ムーブメント[注1] などを通して広く知られることで、それを使って社会を動かしていく力になったのです。

注 1　3D プリンタや Arduino をはじめとする手軽なコンピュータの出現により、個人が DIY（Do It Yourself）や日曜大工の延長上で、製造業社のような製品を生み出せるようになった潮流を指す言葉。ものづくりの民主化とも。

# 7.2 コンピュータと実世界との接点

私たちがコンピュータを使うとき、何らかの物理世界との接点があります。例えばキーボードは、私たちがコンピュータに情報を伝える物理的な入口です。またディスプレイやスピーカは、コンピュータから私たちへの情報の出口です。このように、私たちが住んでいる物理世界との出入口では、コンピュータの中身とは少し違う物理現象を扱う必要があります。

## コンピュータへの入口と出口

例えばキーボードを押すとスイッチのバネが押し込まれ、中にある端子が導通してONになり、それによって端子の電圧が変わって、それからコンピュータが「スイッチを押された」と知ることができるわけです。

なおOSの中では、もうちょっと複雑（階層的）な処理が行われていて、キーボードのスイッチを押すと、そのキーに対応するキースキャンコードが生成され、それがOSが持っている、「今使っているキーボードの種類（日本語キーボード、英字キーボード、など）」に合わせた対応表から、「入力される文字」へと変換されます。

スマホの操作などで使うタッチパネルも、コンピュータへの入り口の一つです。タッチパネルの動作原理にはいくつかありますが、パネルに透明な電極が埋め込まれていて、その電気的性質の変化から、タッチした位置や強さを検出しています。

コンピュータからの情報の出口も、基本的な考え方は同じです。ディスプレイであれば、表示させたい文字や画像の情報を、ディスプレイを構成する小さな画素の明るさ・色の情報に変換し、正しく制御することで、ディスプレイに文字や画像を表示させているわけです。音であれば、音の波形のとおりにスピーカを振動させる電圧波形を生成するわけです。

## 広がる半導体センサの世界

ほかにも例えば、部屋の温度を制御しているコンピュータ（マイコン）であれば、部屋の温度という情報を知りたいわけですが、そのためには「温度センサ」を使うことになります。温度センサにも種類がありますが、代表的なものは、温度に応じた電圧が出力されるように設計された電子部品です。例えば、0度＝0V、10度＝0.1V、100度＝1V、のような調子です。この温度センサが出力している電圧を読み取れば、コンピュータは部屋の温度を知ることができます。

では、そもそもこの「温度」から「電圧」への変換は、どのように行うのでしょうか。これには物理学から電子回路に至るいろいろなテクニックがあります。この本の範囲を超えてしまうので詳細は専門書に譲りますが、物質の熱特性（抵抗値の変化、熱起電力など）を利用した技術を組み合わせると、このような温度センサを作ることができます。

このように、コンピュータから一歩外へ出てしまうと、論理回路だけでは足りず、実世界の物理現象を相手にし、物理学から電子回路までの幅広い知識体系が必要となります。

ところで、半導体で起こる現象自体もまた、物理現象です。ここまで半導体チップは、コンピュータの中身として論理回路を作るための方法、物理的実体として紹介してきました。しかし、シリコンなどの半導体材料は、いわば白紙の広いキャンバスで、論理回路に限らず、いろいろな電子回路を作ることができます。

つまり電子回路に限らず、もっと積極的に物理現象を利用するデバイスも作ることができます。さきほどの温度センサもそうですし、匂いに応じて電気的特性が変わる材料を使って匂いセンサを作ったり、光が入ると電流が流れる現象を使って光センサを作ることもできます。ちなみにカメラの撮像素子（イメージセンサ）は、まさにこの光センサの集合体です。

▶ **図 7-4　半導体で作られるさまざまなセンサ**

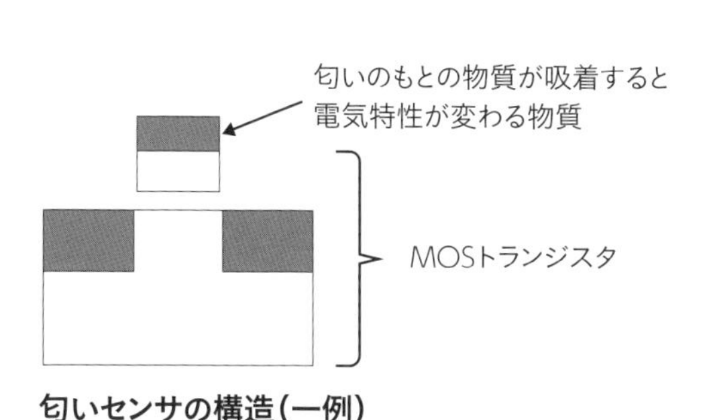


**匂いセンサの構造（一例）**

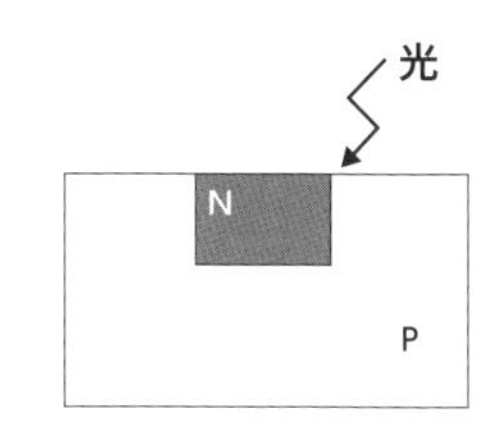


光が入るとPN接合付近で電子と正孔のペアが
生成され、電流が流れる
これを多数並べて読み出し回路を備えたものが
撮像素子（イメージセンサ）

**光センサ（フォトダイオード）の構造**

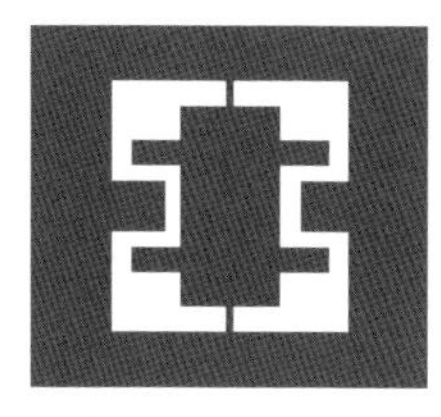

**加速度センサの構造**

MEMS※技術を用いて10μm程度のサイズで半導体
材料の中に構造物を作成する。中央の構造物が
加速度を受けると移動し、周囲との距離が変化する。
その際の両者の間の静電容量の変化を検知する

**音センサ**や**ジャイロセンサ**（角速度センサ）でも原理は
同じで、音センサは空気の振動による距離の変化を
検知する。ジャイロセンサは、回転によって生じる
コリオリの力による変位を検知している

※Micro Electronic Mechanical System

▶ **図 7-5　イメージセンサ**

※積層型CMOSイメージセンサー『IMX530』(出典：ソニー)

# 7.3 コンピュータを半導体から使いこなすということ

半導体は、たしかにコンピュータそのものです。そしてその進化が、コンピュータの進化でもあります。しかし半導体自身が、エリンギのような、誰でも使える道具・素材か？ というと、これはちょっと怪しいです。

もちろん私たちはコンピュータを使っていますから、「半導体を使っている」ともいえます。しかし前の章で見てきたように、半導体を「見る」「存在を知る」ことは誰でもできるにしても、半導体を「作る」となると、話は別です。実際に半導体を作るには、それを設計し、製造することになります。しかしそれは膨大な時間と費用と労力がかかる作業なのです。

具体例を挙げましょう。半導体の設計のための設計ツールは、業務用のものだと1億円くらいします。ちょっとやってみるか、と買える金額ではありません。また設計したものを製造しようとしても、製造の方法がなかなか面倒です。ある程度古い製造技術であれば、10万円オーダーで半導体チップの製造を受注してくれるサービスもありますが、それなりのお値段です。最先端の微細加工を使うような半導体チップの製造となると、1000万円以上かかります。ましてや半導体チップの製造工場を持とうとすれば1兆円近くかかり、もはや個人どころか一企業でも経営戦略に大きく影響するレベルです。

このほかに、実は意外と厄介なのが、設計・製造に必要な情報です。半導体チップを設計するためには、守るべきルール（設計ルール）があります。例えば配線の幅はどれくらいまで細くしていいのか、どれぐらいMOSトランジスタを離して並べなければならないか、などです。また回路の設計には、MOSトランジスタがどのような電気特性を持つか（素子モデル）の情報も必要です。

これらの設計に必要な情報は、実は半導体製造工場にとってはトップシークレットなのです。というのも、これらの情報は、その工場がどれくらの設備を持っていてどれくらいの能力があるか、をはっきりと示すものであるため、競合企業には絶対に知られたくない情報なのです。そのため、設計を始めるにあたって、これらの情報を半導体製造工場から受け取る前に、厳密な秘密保持契約(NDA;Non Disclosure Agreement)を結ぶ必要があります。この価値はまさにpricelessといえるでしょう。

## 誰でも半導体チップを設計できることの意義

まとめると、半導体チップを設計して製造するのは、ものすごく面倒で手間とお金がかかるのです。大企業ならともかく、小さな会社が(ましてや個人が)、新製品のために自前で新しい専用の半導体チップを作ることは、少なくとも躊躇(ちゅうちょ)はしてしまいます。その結果、多くの(半導体の専門家ではない)人にとっては、半導体は買ってくるもので、作るなんてことは毛頭考えたこともない、というのが現状かと思います。

その現状を調べるために、私は一つの動画を作りました。これは、Lチカのためだけの回路を設計して半導体チップを製造し、プリント基板に載せてLチカをする、というものです。

- LED点滅用のLSIをつくってLチカをやってみた
  [ニコニコ動画]
  https://www.nicovideo.jp/watch/sm23660093
  [YouTube]
  https://www.youtube.com/watch?v=A188CYfuKQ0

**▶ 図 7-6　Lチカ動画**

https://www.nicovideo.jp/watch/sm23660093



これに対する反響（コメント）は、ほとんどが以下のようなものでした。

- **もったいない**
- **無駄遣い**
- **贅沢**

つまり専用の半導体チップを設計・製造までして、Lチカという単純なことをするのは、あまりに「もったいない」と考える人がとても多い、ということです。半導体チップを作ることは、「すごいことをするためのもの」と無意識に考えてしまうわけです。

しかしこれは、自らの可能性を狭めてしまっている、もったいない状況だと思えてなりません。自分で半導体チップを設計・製造できれば、不可能とあきらめていたことが簡単に実現できてしまうかもしれませんし、それが新しいプロダクトやビジネスになるかもしれません。そしてそれが社会をよりよくする原動力になるかもしれないのです。

## 「MakeLSI:」を通じた集積回路の民主化活動

もちろんこれからのAI・IoT時代を迎えて、半導体産業は成長産業ですし、中国や米国などでも新たな半導体メーカ（その多くは、主に設計のみのファブレス企業と呼ばれる形態）も生まれていて、存在感を強めています。しかしその多様性は十分とは言えません。

このような経緯をふまえ、私はいわば「集積回路の民主化」を目指すともいえるプロジェクト「MakeLSI:」を続けています。

・MakeLSI:
http://ifdl.jp/make_lsi/

▶ 図 7-7　MakeLSI:のWebページ

これは、今では一部の企業・専門家の「特権」になってしまった、半導体チップの設計・製造を、多くの人の手に取り戻す活動、です。

このプロジェクトでは、参加する条件は一切ありません。あえていえば「興味があること」です。もちろん専門家も歓迎ですが、やってみたい、という非専門家も多くいます。設計ツールも、探せばフリーウェアなどの非商用の設計ツールがそれなりにあるので、それらの情報をまとめつつ、使い方のノウハウなどをまとめていっています。また半導体チップの設計で実は厄介でpricelessな設計情報も、ある程度古い製造技術を使うことで、秘密保持契約(NDA)が不要なものを用意しています。

2019年1月現在191名の参加登録があり、主にメーリングリストを使って設計ツールや設計のノウハウの共有、それに加えて年に1回程度の相乗りチップ試作を実施しています。

▶ **図7-8 MakeLSI:の相乗りチップの例**

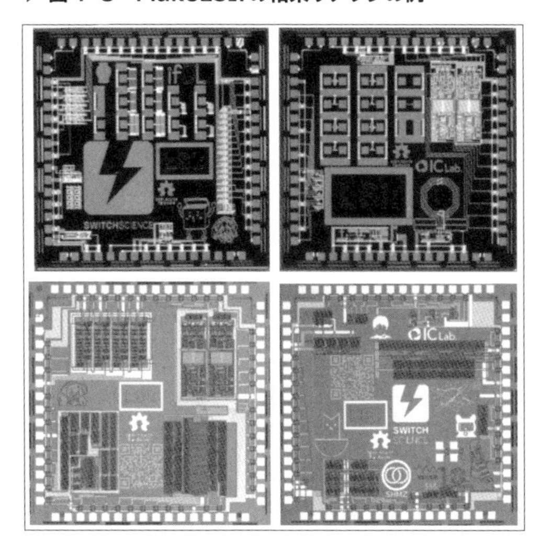


図7-8はCMOS 2 μm、2層メタルプロセスで試作した相乗りチップ(チップサイズはすべて3mm角)の写真です。回路を載せたいと名乗り出た人が、各自の興味に基づいて設計したアナログやディジタルの回路が載っています。

執筆時点(2020年6月)では0.6 μm、3層メタルプロセスでの試作や、Verilog HDLからのディジタル回路設計もできるように環境の整備を進めています。現状では、設計環境の変化とそれへの対応が数回あったために、経験者の活動に頼る場面も多く、本来の目的である「誰でもチップ試作」が十分に実現されているとは言えないかもしれません。それでも少しずつ環境を安定化させて、「作りたいものを作る」コミュニティとして成長させていきたいと思っています。ご興味のある方は、ぜひご参加ください。

2020年6月30日には、GoogleがSkyWaterという半導体製造企業と合同で、0.13 μmのNDA不用なチップ設計環境とチップ製造を準備中というアナウンスがありました。彼らも、半導体チップのユーザの幅を広げることを掲げていますし、このような流れは世界的な潮流と言えそうです。

いっしょに、半導体を道具として持って、新しい世界にチャレンジしてみませんか。

# 参考資料

本書で紹介した書籍や歴史的な文献、周辺知識を広げるためにお勧めする参考資料の一覧です。

## 書籍

**『ハードウェアハッカー ～新しいモノをつくる破壊と創造の冒険』**

アンドリュー"バニー"ファン 著、高須正和 訳、山形浩生 監訳、技術評論社、2018年

**『教養としてのコンピューターサイエンス講義：今こそ知っておくべき「デジタル世界」の基礎知識』**

ブライアン・カーニハン 著、酒匂寛 訳、日経BP、2020年

**『Friends RISC-V』**

うずうずアライグマ 著、技術書展6、2019年
https://booth.pm/ja/items/1331900

## 資料・レポート

- **MOSFETを小さく作ることに関する考察**

  R. H. Dennard et al., "Design of ion-implanted MOSFET's with very small physical dimensions", IEEE Journal of Solid-State Circuits, Vol.9, No.5, pp.256-268, Oct. 1974.

- **集積回路製造に関する特許**

  R. N. Noyce, US Patent No. 2,981,877, "Semiconductor Device Lead-and-Structure", 25 April 1961

- **ムーアの法則の原典となった寄稿**

  Gordon E. Moore "Cramming More Components onto Integrated Circuits", Electronics Magazine Vol.38, No.8, pp.114-117, April 19, 1965.


## Webサイト・Web記事

- **MakeLSI:**

  http://ifdl.jp/make_lsi/

- **OpenCores**

  https://opencores.org/

- **インテル・ミュージアム**

  https://www.intel.co.jp/content/www/jp/ja/innovation/museum.html

- **テカナリエ（テカナリエレポート）**

  http://www.techanalye.com/
  http://www.techanalye.com/news/report/

- **動画「LED点滅用のLSIをつくってLチカをやってみた」**

  https://www.nicovideo.jp/watch/sm23660093
  https://www.youtube.com/watch?v=A188CYfuKQ0

## 電子部品の通販を扱っているサイト

- **AliExpress**

  https://ja.aliexpress.com/

- **DigiKey**

  https://www.digikey.jp/

- **スイッチサイエンス**

  https://www.switch-science.com/

# 索引

## 英数字



## あ行

## か行



## さ行



## た行

## な行



## は行



## ま行



## や行・ら行・わ

# 著者プロフィール

## 秋田純一（あきた じゅんいち）

1970年名古屋市生まれ。東京大学博士課程修了。公立はこだて未来大学を経て、現在は金沢大学教授。専門は集積回路（特にイメージセンサ）と半田付け、およびそれに関連して、「無駄な抵抗コースター」ほかMakerとして活動する。

- 好きな半田は、Pb:Sn=60:40
- 好きなプロセスは、CMOS 0.35 μm

- 著書：『ゼロから学ぶ電子回路』『ゼロから学ぶディジタル論理回路』『はじめての電子回路15講（KS理工学専門書）』（いずれも講談社）

▶ 無駄な抵抗コースター

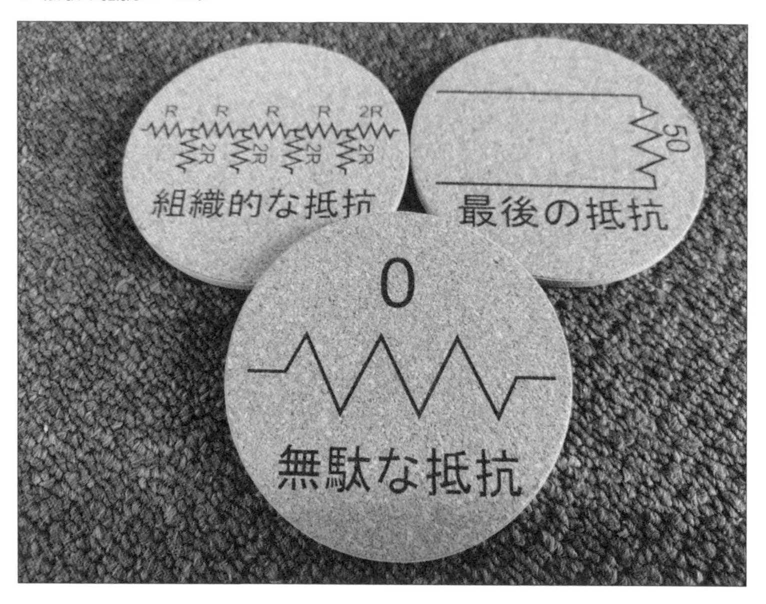

●**お問い合わせについて**

本書に関するご質問は，FAXか書面でお願いいたします。電話での直接のお問い合わせにはお答えできませんので，あらかじめご了承ください。また，下記のWebサイトでも質問用フォームを用意しておりますので，ご利用ください。

ご質問の際には，書籍名と質問される該当ページ，返信先を明記してください。e-mailをお使いになられる方は，メールアドレスの併記をお願いいたします。ご質問の際に記載いただいた個人情報は質問の返答以外の目的には使用いたしません。

お送りいただいたご質問には，できる限り迅速にお答えするよう努力しておりますが，場合によってはお時間をいただくこともございます。なお，ご質問は，本書に記載されている内容に関するもののみとさせていただきます。

◆**お問い合わせ先**

〒162-0846 東京都新宿区市谷左内町21-13
株式会社技術評論社　書籍編集部
「揚げて炙ってわかる コンピュータのしくみ」係
FAX：03-3513-6183　Web：https://gihyo.jp/book/

◆カバーデザイン　鈴木大輔・江﨑輝海（有限会社ソウルデザイン）
◆本文デザイン・レイアウト　安達 恵美子

**揚げて炙ってわかる**
**コンピュータのしくみ**

2020年 9月 1日 初版　第1刷発行

著　者　秋田 純一
発行者　片岡 巌
発行所　株式会社技術評論社
東京都新宿区市谷左内町21-13
電話　03-3513-6150　販売促進部
03-3513-6166　書籍編集部
印刷／製本　港北出版印刷株式会社

定価はカバーに表示してあります。



ISBN978-4-297-11601-9 C3055
Printed in Japan